现代兵器

梁 钰 编著

吉林人民出版社

图书在版编目(CIP)数据

现代兵器 / 梁钰编著. -- 长春：吉林人民出版社，2012.4

（青少年常识读本. 第1辑）

ISBN 978-7-206-08798-1

Ⅰ.①现… Ⅱ.①梁… Ⅲ.①武器－青年读物②武器－少年读物 Ⅳ.①E92-49

中国版本图书馆CIP数据核字(2012)第068504号

现代兵器
XIAN DAI BING QI

编　　著：梁　钰	
责任编辑：刘子莹	封面设计：七　洱

吉林人民出版社出版 发行（长春市人民大街7548号 邮政编码：130022）

印　　刷：北京市一鑫印务有限公司

开　　本：670mm×950mm　1/16

印　　张：13　　　　　　　　字　　数：150千字

标准书号：ISBN 978-7-206-08798-1

版　　次：2012年7月第1版　　印　　次：2021年8月第2次印刷

定　　价：45.00元

如发现印装质量问题，影响阅读，请与出版社联系调换。

轻兵器

- 士兵最亲密的伙伴——步枪 ·················001
- 短兵相接的利器——M4卡宾枪 ·············002
- 铁血王者——M16系列突击步枪 ···········003
- 经久不衰的神话——AK-47突击步枪 ·······004
- 恐怖分子的微瞄——SG552突击步枪 ········006
- 重狙击之王——巴雷特M82狙击步枪 ········007
- 远程杀手——M24 SWS狙击步枪 ············008
- 战地老虎——SVD狙击步枪 ················009
- 北极精英——AW系列狙击步枪 ·············011
- 贴身护卫——手枪 ························013
- 开山鼻祖——柯尔特左轮手枪 ··············014
- 精确、安全的代名词——史密斯&韦森左轮手枪 ···016
- 抗日战争的功臣——毛瑟手枪 ··············018
- 军用手枪之王——柯尔特M1911手枪 ········019
- 手枪中的"袖珍炮"——沙漠之鹰 ············021
- 获得"最"字最多手枪——伯莱塔手枪 ·······023
- 顶级半自动的手枪——HK P7型手枪 ········024
- 手枪中的冲锋枪——格洛克手枪 ············026
- 现代手枪的典范——勃朗宁手枪 ············028
- 后起之秀——西格绍尔手枪 ················030
- 被仿制最多的手枪——CZ 75型手枪 ········032
- 校官之枪——马卡洛夫手枪 ················033
- 奇特的专用装备——间谍手枪 ··············035
- 蛙人利器——水下手枪 ···················035
- 轻武器火力之王——机枪 ··················037
- 军魂之利刃——MG42通用机枪 ············038
- 战场大锯——米尼米机枪 ··················040
- 口径最小的机枪——RPK-74机枪 ··········042
- 一代名流——M60系列机枪 ················043
- "老寿星"地狱夫人——M2HB机枪 ···········045
- 单兵突击利器——冲锋枪 ··················046
- 反恐怖部队首选利器——HK MP5系列冲锋枪 ···048
- 影视界老牌影星——乌兹冲锋枪 ············050
- 近战霸王——霰弹枪 ·····················052
- 步兵手中的火炮——榴弹枪 ················053
- 烫手的山芋——手榴弹 ···················055
- 暗处的杀手——地雷 ·····················056
- 恐怖分子的新"克星"——弩 ················058

CONTENT 1 目录

目录 CONTENT 2

火　炮

战争中的重火力——野战火炮 …………………………060
开路进攻的战神——M109系列榴弹炮 ………………061
欧洲火炮"奇葩"——PZH2000自行榴弹炮 …………063
小车架巨炮——G6式加榴炮 …………………………064
炮中王者——火箭炮 ……………………………………066
呼啸的雷神——M270式多管火箭炮 …………………067
称雄低空的现代武器——高射炮 ………………………069
战场轻骑兵——迫击炮 …………………………………070
长眼睛的"灰背隼"——"默林"迫击炮 ……………071
坦克的死敌——反坦克炮 ………………………………072

导　弹

百步穿杨——导弹 ………………………………………074
按图索骥的巨斧——"战斧"巡航导弹 ………………075
地面毁灭大将——"飞毛腿"导弹 ……………………076
刺破青天的神剑——"爱国者"导弹 …………………078
威震蓝天的超级杀手——"不死鸟"导弹 ……………080
战机杀手锏——"斯拉姆"导弹 ………………………081
陆战之王的克星——"陶"式反坦克导弹 ……………083
冲上蓝天的鱼鹰——"标准"导弹 ……………………085
架在肩膀上的毁灭者——"毒刺"肩射防空导弹 ……086

战　车

陆战王者——坦克 ………………………………………089
"五大金刚"之首——M1型主战坦克 …………………090
凶猛的陆战"猎豹"——"豹"Ⅱ系列主战坦克 ……092
矮个子的地面"猛虎"——T72主战坦克 ……………093
战火铸造的"移动堡垒"——"梅卡瓦"主战坦克 …094
重量级的英国"绅士"——"挑战者"2主战坦克 …096
战车火力的"征服者"——T90主战坦克 ……………098
太极猛虎——K1主战坦克 ………………………………099
"东西合璧"的佳作——90式主战坦克 ………………100
养在深闺的"武士"——"阿琼"主战坦克 …………101
可以完全入水的"黑豹"——XK2主战坦克 …………102
步兵的羽翼——装甲车 …………………………………104

超级无敌铁金刚——M2型"布雷德利"步兵战车 ……… 105
亚瑟王的新神剑——"武士"步兵战车 …………… 107
陆战队员的"梦中情人"——AAV7两栖装甲突击车 … 108
红色的铁骑士——BMP系列步兵战车 ……………… 110
虎豹群中的新猛兽——"黄鼠狼"步兵战车 ………… 111
第一种"轮式坦克"——"半人马座"坦克歼击车 … 113
21世纪的森林"棕熊"——CV90步兵战车族 ……… 114
可以"飞翔"的小精灵——"鼬鼠"空降战车 ……… 116

舰　船

没落的海上霸主——战列舰 …………………………… 118
蓝水捕鲸者——巡洋舰 ………………………………… 119
"提康德罗加"级巡洋舰 ……………………………… 120
"基洛夫"级巡洋舰 …………………………………… 122
海战多面手——驱逐舰 ………………………………… 123
"阿利·伯克"级驱逐舰 ……………………………… 124
"勇敢"级45型驱逐舰 ………………………………… 125
舰队守护神——护卫舰 ………………………………… 127
"拉斐特"级护卫舰 …………………………………… 128
两栖杀手——两栖战舰艇 ……………………………… 129
海上巨无霸——航空母舰 ……………………………… 131
"小鹰"级航空母舰 …………………………………… 133
"企业"号航空母舰 …………………………………… 135
"尼米兹"级航空母舰 ………………………………… 136
"戴高乐"级航空母舰 ………………………………… 139
"无敌"级航空母舰 …………………………………… 140
"阿斯图里亚斯亲王"号航空母舰 …………………… 142
水下游猎者——潜艇 …………………………………… 143
"台风"级核潜艇 ……………………………………… 145
"俄亥俄"级核潜艇 …………………………………… 147
"洛杉矶"级攻击核潜艇 ……………………………… 148
"海狼"级攻击核潜艇 ………………………………… 150
"红宝石"级攻击核潜艇 ……………………………… 151

战　机

翱翔在空中的雄鹰——军用飞机 ……………………… 153
低空杀手——A-10"雷电"攻击机 …………………… 155
空中的旗帜——"超级军旗"攻击机 ………………… 156

目录 CONTENT 3

目录 CONTENT 4

身经百战——F-117A"夜鹰"隐身攻击机 …………158
黄蜂中的天尊——F/A-18"大黄蜂"战斗攻击机 ……159
冲天"战隼"——F-16"战隼"战斗机 …………………161
九命雄猫——F-14战斗机 ……………………………163
猛禽王者——F-22隐形战斗机 ………………………164
战争的支点——米格-29战斗机 ………………………166
跨海神鹰——苏-30战斗机 ……………………………168
捍卫天骑——"幻影"2000战斗机 ……………………169
来去无踪的幽灵——B-2隐形轰炸机 …………………170
同温层堡垒——B-52轰炸机 …………………………172
空中枪骑兵——B-1B战略轰炸机 ……………………173
巨型白天鹅——图-160"海盗旗"战略轰炸机 ………174
空中"巨弩"——AH-64武装直升机 …………………176
隐身使者——RAH-66武装直升机 ……………………177
蛇族帝尊——AH-1武装攻击直升机 …………………179
空中赛车——"山猫"武装直升机 ……………………180
长满獠牙的母鹿——米-24武装直升机 ………………181
虎啸山林——"虎"式武装直升机 ……………………183
百变神鹰——多用途直升飞机 ………………………184
空中车厢——运输直升机 ……………………………186
空中大力士——军用运输机 …………………………187
空中加油站——空中加油机 …………………………189
放眼看世界——侦察机 ………………………………190
暗夜魔眼——电子战飞机 ……………………………192
潜艇的死对头——反潜机 ……………………………193
空中指挥所——预警机 ………………………………195

新概念武器和其他武器

杀人于无痕的"杀手"——次声波武器 ………………197
非致命性作战的"法宝"——微波武器 ………………198
未来战场的"主攻手"——激光武器 …………………199
不可小觑的微粒——粒子束武器 ………………………200

轻兵器

士兵最亲密的伙伴
——步枪

步枪是一种单兵肩射的长管枪械，主要用于杀伤暴露的有生目标，有效射程一般为400米。短兵相接时刺刀和枪托可用于白刃格斗。有的步枪可以发射枪榴弹，并具有点、面杀伤和反装甲的能力。现代步枪大都在其枪管里刻有平行且螺旋的膛线，使子弹在发射时旋转，从而达到稳定飞行的目的，人们把这个膛线称之为"来复线"，所以步枪又叫"来复枪"。

● 追溯历史

步枪之起源，最早的记载是中国南宋时期出现的竹管突火枪，这是世界上最早的管形射击火器。15世纪初，欧洲开始出现最原始的步枪，即火绳枪。到16世纪，由于点火装置的改进和发展，火绳枪又被燧发枪取代。从16世纪至18世纪的300年间，囿于当时的技术条件，步枪都是前装枪，使用起来费时费事，极为麻烦。直到19世纪40年代，德国成功研制了德莱赛击针枪，这是最早的机柄式步枪。

● 步枪口径

步枪的口径一般分三种：6毫米以下为小口径，12毫米以上（不超过20毫米）为大口径，介于二者之间为普通口径。目前使用较多的是5毫米~6毫米的小口径步枪，其特点是初速高、弹道低伸、后坐力小、连发精度好、体积小、重量轻、杀伤力强、携弹量大等。近年来，英、美、德等国也在发展5毫米以下小口径的步枪。

● 步枪分类

步枪按自动化程度可分为非自动、半自动和全自动三种，现代步枪多为自动步枪；步枪按用途可分为普通步枪、骑枪（卡宾枪）、突击步枪（自动步枪）和狙击步枪；按使用的枪弹分，可分为大威力枪弹步枪、中间型枪弹步枪、小口径枪弹步枪。

● 发展趋势

步枪发展趋势主要是加强步枪的火力，采取的技术途径是提高弹头效能、命中概率和战斗射速，射程不大于400米；减小步枪的质量，提高便携性；实现步枪的点面杀伤能力和破甲一体化，逐步将步枪、班用轻机枪合二为一或枪族化。新概念步枪有很大发展潜力，比如：无壳弹步枪已研制成功；激光步枪已经问世；进一步改善瞄准装置，提高步枪全天候作战能力。

随着步枪的不断改进和发展，再加上它原有的优越性——结构简单、质量小、使用和携带方便、适于大量生产、大量装备，使得步枪即使在未来的高科技战争中，仍将成为军队中最普遍使用的近战武器。

短兵相接的利器
——M4卡宾枪

M4卡宾枪是M16A2的变形枪，M4和M16A2非常相似，事实上它们有80%的零件可以互换，因此M4最初也称为M16A2卡宾枪。它于1991年3月正式定型，首先装备美军第82空降师，用于替换M16A2自动步枪、M3冲锋枪以及车辆驾驶员选用的M16A1/A2步枪和某些9毫米手枪。M4卡宾枪的基本结构与M16A2相同。它深受美国伞兵、特种作战部队、分队指挥员以及其他非一线作战步兵等军事人员的钟爱。即便是治安警察，也视它为可以信赖的伙伴。

● 深受士兵钟爱

美军在经历了巴拿马、波斯湾和索马里冲突后，深感原有的M16A2步枪太大、太长，在中近距离作战时总是被敌人的火力所压制，于是要求柯尔特公司开发出一种基于M16A2步枪技术基础上的"袖珍型枪械"，这便衍生出了后来大红大紫的M4卡宾枪。起初，M4卡宾枪只配备给坦克兵、航空兵、特种兵做自卫之用，但基层部队发现，它的威力不亚于M16A2，同时携带也很方便。最后"五角大楼"干脆决定将M4卡宾枪下发给全军，换下的M16A2步枪则转到预备役和海岸警卫队手里。值得一提的是，1997年香港回归祖国后，香港警察机动部队"飞虎队"也采购了一批火力强大的M4卡宾枪，用于处置紧急突发事件。据悉，美国士兵换装M4卡宾枪以后，压力减轻了许多。该枪连同装有30发子弹的弹夹，总重量为3.4千克，而M16A2步枪的重量要达到4千克。针对巷战中可能出现的短兵相接的情况，M4的枪管比M16A2缩短了50厘米。

● 好莱坞之缘

在所有的好莱坞动作片中，惯例都是先由孤胆英雄战胜劲敌，之后才会看到他望眼欲穿的支援部队匆忙赶到，《碟中谍Ⅲ》在这一点上也不例外。亨特费尽九牛二虎之力收拾了追杀自己的直升机后，迟来的突击队员们才摆开架势"收拾残局"。他们手持武器如临大敌，好像熊熊燃烧的直升机残骸里还能跑出几个恐怖分子来。虽然影片把这些突击队员拍得不够英雄，但我们不能把他们手中的武器看扁了，那可是赫赫有名的M4卡宾枪。

铁血王者
——M16系列突击步枪

美国柯尔特公司生产的M16步枪，是一支被称为开创小口径化先河的步枪，自1967年起成为美军的制式步枪后，M16已经发展成足够可靠的、成熟的武器。它主要由柯尔特公司生产，除了美国外，M16及其改型枪目前也在其他50多个国家中被广泛采用；除军队外，M16系列还被许多特警队、私人保安机构、非政府游击队等组织所采用。

● 惨痛教训

越南战场是M16与AK-47的首次较量，当时，很多报道都提到美军士兵在缴获AK-47后，宁愿扔掉M16而使用AK-47，虽然这种说法有媒体评论外国武器时的贬义因素，但从1966年秋天开始，越南战场上频频传出M16出现故障的消息，而且许多关于战斗失利的报告都提到该枪的问题。这些故障的原因是多方面的，越南气候潮湿、温度高，若不注意擦拭维护，很容易使枪生锈，这是M16出现故障的主要原因。从此M16一系列的毛病不断凸现出来，但正是由于这些缺点，使得M16在技术上不断改进。经过改进的M16A1不但提高了可靠性，在生产质量上更加严格把关。

● 技术革新

M16主要分成三代：第一代是M16和M16A1，于1960年装备，使用美军M193/M196子弹，能够以半自动或者全自动模式射击；第二代是M16A2，在1980年开始服役，发射比利时SS109子弹，与M16A1相比增加了枪管壁的厚度，改进了护木和膛口的消焰器，在一定程度上提高了射击精度，也可以以最多3发连发的点射射击方式来射击，射击模式是由枪支一侧的选择开关决定的；第三代的M16A4成为21世纪初期美伊战争中美国海军陆战队的标准装备。在美国军队中，M16A4与M4卡宾枪的结合使用正在逐步取代现有的M16A2。M16A4具有配备护木的4个皮可汀尼滑轨，可以使用光学瞄准镜、夜视镜、激光瞄准器、握柄以及战术灯。

经久不衰的神话
——AK-47突击步枪

说到世界名枪，一个闪光的名字绝对不容忽视，它诞生将近60年，经久不衰，经历了半个世纪的风雨历程和战火考验的AK系列步枪，几乎就是近代战争史的见证者。它火力强劲、使用可靠、结构简单、性能优越且价格低廉，数以千万计的产量，早已使它超越了国家、民族的界限。正是由于它几乎无可替代的强大功能，使得许多国家制造的几千万支AK-47在全世界范围内流通。它同时被战场上对峙的敌我双方喜爱，它的身影几乎出现在每一个升腾硝烟的战场。虽然和那些先进工艺制造出来的机密武器比起来AK-47显得有些粗糙而简陋，但是它却永远那么忠诚，在任何环境下任何战士扣动扳机的时候，它都不会令他失望。

● 发明插曲

1941年6月22日，星期天的凌晨，希特勒的军队突然向前苏联发动了闪电式的大规模进攻。当红军战士卡拉什尼科夫再次睁开眼睛时，医生告诉他一枚炮弹片打碎了他的肩胛骨。他一心想为自己的祖国献身，然而这次的重伤却使他永远离开了炮火纷飞但却令他热血沸腾的战场。卡拉什尼科夫受伤住院期间，一名病友闲聊时问他，为什么德国人有自动步枪，而我们只能用单发枪对付他们。这话提醒了卡拉什尼科夫，让他有了设计自动武器的念头，他让护士拿来医院图书馆里所有关于轻武器的书籍。令人们没想到的是，十几年后，这个当时默默无闻的小兵开始名扬天下，他的成名作品AK-47成了世界上几乎所有的军人都喜爱的武器。

● 特别之处

AK-47结构简单，适用于各种环境，即使是沙漠、极地环境，它依然能够大放光彩，其奥妙之处在于AK-47的枪机离枪膛轴线的距离比其他枪要远，这使它除具有火力强大的优势外，其可靠性更令西方轻武器无法比拟。AK-47的可靠性设计适合在泥水地区作战，丛林和水网地区的士兵因经常要卧倒，做各种战术动作，很难避免武器被大量泥水浸泡，这样，泥水会将泥沙带进枪里。而按照AK-47的设计理念，可以保证枪在使用过程中精度控制在可靠范围内，并可容纳一定的沙尘。AK-47的忠诚，让战士们每扣动一次扳机都不会失望，它的声望已经远远超越了所有同时期武器，并在未来多年内无可替代。

● 神秘面纱

20世纪50年代，出于保密的目的，苏军规定严禁对AK-47拍照，甚至连用过的弹壳也必须捡回来，除实弹射击训练外，枪必须放在枪套中才能携带，违纪者将受军纪处罚。从20世纪60年代开始，AK-47才增加产量登上世界战争舞台。自此，AK-47步枪终于向世人掀开了神秘的面纱。

● 家族成员

由于小口径枪弹的诸多优点，世界突击步枪逐渐向小口径化发展，前苏联在AK-47的基础上研制了小口径突击步枪——AK-74，于1974年

11月7日在莫斯科红场阅兵式上首次露面。令人谈之色变的就是AK-74突击步枪的5.45毫米步枪弹，它在300米距离上命中率为40%，而AK-47为29%。这种弹头射入人体体内时还在翻滚，使人体受伤程度严重，被称之为"毒弹头"。

恐怖分子的微瞄
——SG552突击步枪

SG552突击步枪是德国SIG公司最新生产的突击步枪，也是最短的一种，似乎是一种受潮流影响而设计的短突击步枪，比起SG551系列，SG552的枪管进一步缩短。该枪自问世以来大受欢迎，尤其适合近战使用。

● 突击队员

几年前SG550、MP320开始批量生产，终因需求量低于成本基数而宣告终止。但是瑞士的特警部队注意到有必要加强自身警械，从而打击武力犯罪，以应付可能来自世界各地的治安威胁，于是申请SIG公司开发合适的装备，这便有了SG552超短型突击步枪，绰号"突击队员"。

● 技术革新

SG552超短型突击步枪，全长730毫米，折回枪托枪长仅504毫米，几乎与现代冲锋枪等长。它重心后移以方便控制和提高射击精度。扳机护圈可向左右两侧折叠，戴手套也可操作。SG552沿用AK步枪的长行程活塞系统，枪机、活塞以焊接方式结合在一起，拉柄自成一件。它的握把、护手皆为硬质聚合塑料材质，枪托为折叠式强化橡胶制枪托，能承受猛烈撞击。

● 反恐杀手

SG552突击步枪上的转筒式瞄具划分为100米、200米和300米。为在100米以内的近距上快速捕捉目标和在黑暗中射击，在转筒式瞄具上附加有形瞄准镜，瞄准器侧面有发光源（13光源）；为了能在夜间战斗，还配有中心光源的夜用准星，且准星可向上折叠，防止武器偏离瞄准线。

● 近战卫士

SG552突击步枪抛壳口位于枪的右侧，空弹壳向右上方抛出，即使射手在室内将枪抵在左肩窝射击也不会造成伤害。对有反恐怖作战经验者而言，近距离射击造成的跳弹与流弹，是贯穿力过剩造成的，这是射手不敢放手使用此类枪械的主要原因。有时宁可使用贯穿力略逊的冲锋枪，也不愿冒伤及自身或无辜第三者的危险。步枪微型化显然是目前风险最小，最能发挥打击威力的发展趋势，百米距离最能发挥SG552突击步枪的潜力。

重狙击之王
——巴雷特M82狙击步枪

很多枪迷都是从巴雷特的开山之作M82而喜欢上大口径狙击步枪的，M82狙击步枪是美国巴雷特公司研制生产的大口径半自动步枪，能使用重机枪子弹和其他特殊弹药，该系列步枪在国际军火界拥有"重狙击之王"的美誉。巴雷特M82A1是当今使用最广泛的大口径狙击步枪（反器材步枪）之一，几乎占领了大口径狙击步枪市场的统治地位。M82A1也被广泛用作民间的大口径射击比赛，用于1000米，甚至更远距离上的射击。

● 反器材武器

20世纪90年代末，美军提出"目标狙击武器"计划，希望研制出一种能够对付多种不同类型目标的远程狙击步枪，如打击敌方的通信指挥设施、跑道上的飞机、后勤保障车，弥补传统口径的狙击步枪威力的不足。于是巴雷特公司和军事机构合作，对M82A1大口径狙击步枪改进而成巴雷特25毫米"有效负荷步枪"，该枪发射美国正在研究的理想班组武器用的25毫米×59毫米BR榴弹，主要用于反器材，该枪枪口制退器效果非常好，安在M82A1的改进型M82A3上，射手感觉不到后坐力。

● 半路出家

M82狙击步枪的设计师朗尼·巴雷特原本只是美国田纳西州的一名

商业摄影师，是从未受过任何火器设计训练的一名枪械爱好者。1981年1月，因一次和朋友打赌，偶然让巴雷特决心设计一支大口径半自动狙击步枪。于是，从设计到制造，不足一年时间他就拿出了一支样枪。接着巴雷特创建了自己的公司，并在1982年开始试生产，M82A1大口径半自动狙击步枪就正式"诞生"了。

● 高明设计

M82A1半自动狙击步枪，采用枪管短后坐原理，半自动发射方式。枪管短后坐原理是著名枪械设计师勃朗宁开发的，而巴雷特将这种原理改进，使之适合作为肩射武器的自动原理。巴雷特M82A1的后坐力很小，这是因为一部分后坐能量作用于枪管、枪机和枪机框的向后运动及压缩复进簧，另外，枪本身也吸收了部分后坐能量，但最主要还是其高效的枪口制退器减少了大部分的后坐力，这就保证了射击时的舒适性及射击精度。枪托底部还有一个特种橡胶后坐垫，据说后坐感觉比12毫米口径的霰弹枪要好，能够明显感觉出其后坐力比7.62毫米口径的步枪要小。

远程杀手
——M24 SWS狙击步枪

M24 SWS狙击步枪是美国专门研制的第一种狙击武器系统，采用旋转后拉式枪机，闭锁可靠性好，枪体与枪机配合紧密，因而精度较好。和海军陆战队使用的M40A1一样，M24 SWS采用雷明顿M700系统，并在保险机构与整体结构上做了改良，增加了可调整前后尺寸的胶质枪托底板。M24 SWS从1988年7月开始部分装备美国陆军，参与了海湾战争，该枪于1989年全面移交美国陆军使用。

● 超酷档案

M24 SWS是由20世纪70年代著名的雷明顿M700系列警用狙击枪衍生而来。枪管采用不锈钢重型枪管，弹仓供弹，发射美国M118式7.62毫米特种弹头比赛弹，最高射程可达1000米，但每打出一颗子弹都要拉动枪栓一次。该枪枪长1082毫米，重3.5千克，装弹量10发。为了耐受沙漠恶劣的气候，M24 SWS的枪托由凯夫拉、石墨纤维和环氧树脂合成，可在-45℃~65℃气温变化中正常使用。重量轻而结构坚固，枪托底板可以调节长度，前托粗大，呈海狸尾形，其伸缩范围为68.6毫米。枪托上还有较窄的小握把和安装瞄准镜的连接座，除了可安装一般瞄具外，还可配用3~9倍倍率的瞄准具，具有星光或微光强化设计，可提供基本的夜视功能，改进后的M24 SWS狙击步枪上配有新的消焰器、消声器和供安装各种瞄具的燕尾槽。

● 代替不了的"终结者"

M24 SWS狙击步枪的家族成员M110狙击步枪，采用气吹式半自动发射，与使用手动枪机系统的M24 SWS相比射速更高，可确保狙击手在居民密集地区也能精确快速地锁定目标。美军官员曾经表示，它有可能成为美军狙击手的标准装备——M24 SWS步枪的"终结者"，并大规模装备美军部队。

据美国《陆军时报》披露，为使狙击手能在对抗中占据上风，美军一直在筹划更新狙击步枪。然而，由于新研制出来的M110步枪不够稳定，换枪计划进程缓慢。为了杀伤敌人，他们不得不冒着暴露目标的危险多次射击，有时甚至重新使用更为稳定的M24 SWS。

战地老虎
——SVD狙击步枪

SVD狙击步枪是枪械设计师德拉贡诺夫设计的，在1963年由前苏联选中，代替莫辛·纳甘狙击步枪。它的发动机原理和AK系列步枪相同，但结构更简单。通过进一步的改进后，在1967年开始装备部队。除前苏联、俄罗斯外，埃及、南斯拉夫、罗马尼亚等国家的军队也采用和生产SVD。中国仿制的SVD为1979年定型，称79式狙击步枪，改进后称85式。

1920年2月20日，德拉贡诺夫出生于伊热夫斯克这个以制造轻武器出名的城市，他的祖父过去就一直在伊热夫斯克兵工厂工作，作为家庭传统，他在伊热夫斯克工业学院学习机械加工技术专业，毕业后便进入他祖父在沙皇时期工作过的同一家工厂工作。1939年，他应征入伍参加前苏联红军，担任团部的枪炮工。在1941年卫国战争爆发时，他晋升为军械长。在那段时间里,他对苏联和敌人的各种武器积累了大量的经验。德拉贡诺夫本身就是一名优秀的射手,经常参加各种射击比赛并且取得很好的成绩,他还是一名持有证书的射击教员,这些经历对于他设计这种精密的武器给予了很大的帮助。在战争结束后,德拉贡诺夫回到伊热夫斯克进入武器设计局,开始轻武器的研究和开发。

● 逸闻趣事

1958年,前苏联军方让4个设计小组采用设计投标的形式进行竞争,最佳方案将会被军队采用为制式武器,德拉贡诺夫接受了这个挑战。1963年,由德拉贡诺夫设计的SVD最终赢得了这个竞赛,成为苏联军队精确射手的制式武器。当时大师级的对手拉斯尼柯夫也是尽力做到最好的,而且他的步枪在效费比方面比德拉贡诺夫的要好得多,不过苏联军队还是偏向于射击精度最好的方案。

● 品牌特点

德拉贡诺夫的狙击步枪实际是AK-47突击步枪的放大型,但更简单。SVD狙击步枪采用活塞短行程序,其气体活塞系统与AK-47不同。在AK-47上,活塞和枪机框成一整体,而SVD上的气体活塞单独地位于活塞筒中,并可纵向运动。枪口装有瓣形消焰器,消焰器前端呈链状,构成一个斜面,将一部分火药燃气挡住并使之向后喷射,以减弱枪的后坐力。由于SVD可发射的7.62毫米×54毫米突缘弹,而且威力比AK-47配用的7.62毫米×39毫米M43弹威力大得多,因此枪机机头要重新设计,并强化以承受高压。该枪通常使用为SVD特制的更为精确的7N1弹,还可使用老式莫辛·纳甘M1891/30弹药,出膛速度830米/秒。但是由于SVD狙击步枪只能单发射击,所以击发和发射机构比较简单。SVD主要零件是击锤、单发杠杆以及靠机框控制的保险阻铁,有单独的击锤簧和扳机簧。

● 技术改进

由于SVD原本的设计中没有考虑使用两脚架的问题,在阿富汗战争时期,许多苏军狙击手自己动手改装,把RPK-74的两脚架安到SVD上。但这种方式有个缺点,由于SVD的枪管为浮置式,把两脚架的支点安装在枪管上会破坏射击精度。后来俄罗斯吸取了这些狙击手的经验,为其生产了一种SVD专用的伸缩式两脚架,并在机匣底部、弹匣前方钻一个小孔，把脚架的支撑点移到机匣前方的位置上，这样就能够保证自由浮置式的枪管不受脚架的影响。

● 永载史册

在前苏联军队中，每个班配备一支SVD。装备SVD的士兵都要接受针对该武器的专门训练。装备SVD的射手和整个班一齐行动，并延伸整个班的有效射程至600米或更远。SVD是一支坚固耐用的步枪，SVD的可靠性是公认的，这使得SVD被长期而广泛地使用。SVD的制造工艺比较复杂，但重量很轻，而且在同级狙击枪中精度高。引用一名美国陆军狙击手的话："在今天的术语中，SVD不算是一种真正意义上的狙击步枪，但它被设计、制造得出奇地好，是一种极好的延伸射程的班组武器。"

北极精英
——AW系列狙击步枪

AW系列狙击步枪是英国国际精密仪器（AI）公司研制的高精度狙击步枪。以AW为基础，AI公司推出一系列不同类型的狙击步枪，包括警用型AWP，消声型AWS，隐形型PM，步兵型L96A1，马格南型AWM，大口径型AW50，此外上述型号中均有被称为F型的折叠枪托型，如AW-F或AWM-F。它们构成了当今世界上号称最为精确的AW狙击步枪系列。

● 超酷档案

早在1982年英阿马岛战役中，就有不少英国军官抱怨其配备的L42A1狙击步枪在质量和可靠性方面都不敌阿军。之后的马尔维纳斯群岛战争时这个问题更显严重，英国人终于意识到他们迫切地需要一种新型的狙击武器系统。英国开始为新的狙击手武器系统进行竞标，陆军招标要求必须保证首发的质量。新型狙击步枪在600米射程内首发命中率要达到100%，1000米射程内要获得很好的射击效果。其他竞争者除了达不到精度要求外，对于英军要求采用10发可卸弹匣的这一项也很少能够达标，最后英国国际精密仪器公司AW系列狙击步枪一举中标。AI公司根据英军提出的要求继续改进PM步枪，转而生产新的改进型AW步枪。1986年英军就采用了这种AW步枪，并重新命名为L96A1。

● 特别的枪械设计师

AW系列狙击步枪的功臣设计师库帕，是一名工程师，但同时也是一名优秀的射击队员。他曾多次在世界性的射击比赛上夺冠，包括两次奥运会冠军、8次世锦赛冠军和13次欧洲锦标赛冠军，拥有各种口径、不同原理步枪射击的12项世界纪录。身为一名熟练的射手，库帕知道对于一把精确步枪的设计来说，什么是应该做的，什么是不应该做的。所以他在1978年5月成立了自己的公司——国际精密有限公司，招聘了40名雇员，专门生产符合国际射击比赛要求的步枪。1982年，在英国陆军狙击步枪的招标中中标后，开始了军用枪械的专业生产。

● 北极之王

AW系列狙击步枪机匣由一整块实心的锻压碳钢件加工而成，壁厚，底部和两侧较平。机匣通过弹匣座附近的螺丝固定在一个铝合金底座上。枪身和枪托使用高强度塑料，枪托中线设计也刻意与枪管中线成一直线，以减低射击时枪口上扬。而且，该枪机还具有防冻功能，即使在-40℃的温度中仍能可靠地运作，而这一点也是英军特别的要求。这是因为枪机后部机柄周围有数条纵向铣槽，即使枪里进水结冰，其自动机也不会结冰，是名副其实的北极战英。

● 品牌特征

它在塑料枪托上有一个很大的拇指开孔，使得枪托的形状近似于直线，这是其外形上最突出的特点，也使得AW系列狙击步枪极易识别。为提高射击精度，大多数比赛枪都采用微力扳机。因狙击手在紧张的情况下使用微力扳机可能出现误发的情况，所以战斗中使用中等扣力的扳机更为适合。

● 销售业绩

除英国外有40多个国家购买过AW系列。例如，第一批采用PM步枪的国家中除法国外还有瑞典。在1983年，瑞典的国防部开始选择新狙击步枪，经过一轮严格的对比后AI公司的PM步枪获胜，7年后瑞典军方又采用了新的AW步枪，并正式命名为"PSG90"，采购了超过1000

支。1998年，德军采用.300温彻斯特·马格南口径的AWM-F以及12.7毫米的AW50-F并分别命名为G22和G24。澳大利亚在2000年3月选择了AW-F的一种改进型，命名为"SR98"。此外，比利时、爱尔兰、新西兰的军队，还有加拿大、阿曼、美国等不同国家的执法机构都有使用AW系列步枪的。

贴身护卫
——手枪

手枪指单手发射的短枪，它短小轻便，使用灵活，在50米内具有良好的杀伤力，是近战和自卫的小型武器。手枪大量装备于各国军队的战斗和非战斗人员，更多用了自卫，在战场上的作用有限，但对警察和特种部队来说，绝对是不可替代的武器。

● 转轮手枪的基本结构

转轮手枪的枪管和枪膛是分离的，转轮手枪通常由枪底把、转轮及其回转、制动装置和闭锁、击发、发射机构所组成。枪底与一般枪上的机匣相类似，上面开有许多槽孔，以便将所有的机构和零件结合在一起，如枪管、框架、握把等；转轮、回转和制动装置通过回转轴固定在框架上，内有5~7个弹巢，最常见的是6个，故人们又把这种转轮手枪叫"六响子"。

● 自动手枪

自动手枪是指利用火药气体能量完成自动装填或连发射击的手枪，它可以分为半自动手枪和全自动手枪。半自动手枪指的是既能自动装填又能自动待击的单发射击手枪，又可称为自动装填手枪。由于历史的原因，人们习惯将这种手枪称为自动手枪。目前，世界各国军队和警察使用的基本上都是半自动手枪。而全自动手枪是指既能自动装填又能自动待击，具有连发射击功能的手枪。

● 冲锋手枪

冲锋手枪兼具自动手枪和冲锋枪的特征，人们把能够连发的自动手枪又称为"冲锋手枪"。由于重量轻、外廓尺寸小，在数十米内能发挥相当大的火力威力，可部分地执行冲锋枪的传统任务。因此该类武器可考虑配发给空降部队、小分队指挥员、侦察兵、汽车兵、炮手、导弹手、后勤人员以及公安防暴人员。

● 微声手枪

无声手枪又叫微声手枪。它在射击时并不是一点声音也没有，只不过声音很小。无声手枪的奥妙是在枪管外面有一个附加的套筒，叫做消声筒。微声枪通常是用装在普通枪管上的消声器来达到消声作用的，其消声筒前半部分长出枪口。它是突击、侦察、反恐怖部队不可缺少的特种武器。

● 子弹与口径

现代军用手枪所配的子弹短小，弹头圆顿。自动手枪弹匣容量大，多为6～12发，有的可达20发。枪管较短，目前世界上普遍的手枪口径多在7.62毫米～11.43毫米之间。也有采用小口径的，但大多采用9毫米口径。因其后坐力小、射击稳定、弹着密集、弹匣容量大，目前为世界各国军队和警察广泛使用，适合于杀伤近距离内的有生目标。在世界各国装备的手枪中，口径最小的为5.45毫米，口径最大的为12.7毫米。

开山鼻祖
——柯尔特左轮手枪

柯尔特左轮手枪一直是左轮手枪大家族中的王者，任何一个国家的左轮手枪都无法与之媲美。在美国的警察、侦探、枪械爱好者的心目中，柯尔特左轮手枪是必备枪支。他们之所以使用柯尔特左轮手枪，不仅仅是为自卫，更因为它像一件装饰品，优雅古典，使用起来十分气派。

● 左轮手枪之父——柯尔特

柯尔特生长在美国一个普通家庭，从小就十分痴迷手枪设计。1830年，小柯尔特搭乘一艘轮船，好奇心极强的他钻到了轮船驾驶舱去玩，对舵手操纵的舵轮发生了浓厚的兴趣。受舵轮的转动原理启发，联想到改进左轮手枪的圆筒式弹仓，于是在旅途中就找到了改进"胡椒瓶子"

手枪的灵感。1831年他开始着手设计他的左轮手枪，于1835年获得了他的第一个击发式左轮手枪的英国专利，并于1936年创立了自己的枪械公司。在后来的30年间，他改良、研发了12种左轮手枪，使柯尔特枪械公司成为世界著名的军工制造企业。从此柯尔特公司的左轮手枪一度风靡世界，成为"西部牛仔"时代的手枪首选。由于柯尔特对左轮手枪研发的重大贡献，人们推崇他为"左轮手枪之父"。

● 发展历程

在柯尔特发明第一支具有使用价值的左轮手枪之前，所有的转轮手枪都是手动转轮手枪，而柯尔特发明的转轮是击锤转动，解决了当时手枪无法连动击发的问题。与过去的转轮手枪相比，柯尔特转轮手枪有如下独特之处：枪膛是一个带有弹巢的转轮，能绕轴旋转，射击时每个弹巢依次与枪管相吻合。而且它采用当时最先进的撞击式枪机，击发火帽和线膛枪管，并使用锥形弹头，一次扣动扳机即可完成连动转轮及击发两个步骤，使得左轮手枪具有真正的使用价值，并得到了世界各国的广泛认可和使用。由于左轮手枪结构简单，操作灵活，功能完善，很快受到各国官兵的喜爱。19世纪中期以后，这种枪更是风靡全球，许多国家纷纷研制和生产这种手枪，许多军官都以拥有一支左轮手枪而自豪。

● 明星轶事

人们喜爱左轮手枪不仅在于它独特的华丽外形，更是因为它至今仍是世界上最可靠的手枪。提起它，人们往往能联想到各种刺杀：1881年美国总统加菲尔德遇刺，1901年美国总统麦金来遇刺，1975年美国总统福特遇刺，1981年美国总统里根遇刺，刺客们所用的都是左轮手枪；1995年11月4日这样的厄运又降临到以色列总理拉宾头上……

● 展示平台

自动手枪出现后，左轮手枪的一些弱点很快暴露出来，左轮手枪容弹量少，枪管与转轮之间有间隙，会漏气和冒烟，初速低，重新装填时间长，威力较小。所以，作为军队的正式装备，左轮手枪逐渐被自动手枪所代替。但是左轮手枪的优点并不是它的威力，而是它的可靠，特别是对瞎火弹的处理既可靠又简捷，至今无可替代。所以，在一些国家的陆军装备中，仍给它保留了一定的地位。可以想象，在紧急情况下如果遇到了瞎火弹，后果是不堪想象的,但是使用左轮手枪遇到这种情况,只需再扣一次扳机,"死弹"便会跳出枪膛,另一颗子弹又会补上。自动手枪遇到这种情况,退弹则是来不及的。这就是为什么至今刺客们还偏爱左轮手枪的原因,在近距离行刺时左轮手枪可以说是最可靠、万无一失的手枪,它的可靠性是至今自动手枪都无法比拟的,故而成为众多刺客的首选用枪。

在各种影视作品中,主角使用左轮手枪进行对决时,观众们往往屏住呼吸,怦然心跳,这也恰恰反映出左轮手枪的最大问题,即当枪巢内的 6 颗子弹打完,装填子弹要花很长的时间。所以它在战场上表现平平,作为军用武器不太适合作战要求。但是,美国和西方一些国家的警察对左轮手枪情有独钟,美国的警察和联邦调查局的侦探们至今仍在使用左轮手枪。左轮手枪自研制成功到现在经有160多年的历史,时间是见证这款老枪的最佳褒奖方式,它已被各大兵工厂重新设计和制作。

精确、安全的代名词
——史密斯&韦森左轮手枪

史密斯&韦森(S&M)左轮手枪是当今世界最先进的手枪之一,无论是旗舰之作M29,还是工艺精美的女用手枪,都深受枪械爱好者的欢迎,史密斯&韦森以可靠完美的性能,成为精确、安全的代名词。

● 机枪设计师

史密斯&韦森(Smith & Wesson)是美国最大的手枪军械制造商,由美国人霍勒斯·史密斯(Horace Smith)与丹尼尔·韦森(Daniel B. Wesson)于1855年建立,总部位于美国麻省的斯普林菲尔德。世界上第一种真正使用的边缘发火式枪弹的是史密斯&韦森于1856年设计的5.5毫米边缘发火式金属枪弹,第一支发射这种弹药的手枪也是史密斯&韦森公司于同年生产的M1史密斯&韦森左轮手枪,它是现代左轮手枪早期的开拓者之一。史密斯&韦森公司以制造左轮手枪闻名于世,它是美国生产手枪的百年著名品牌。

● 诞生历程

19世纪初,铜火帽的发明促进了火帽枪的发展。1835年,柯尔特发明并制造了火帽击发的左轮手枪，该枪是世界上第一支可以实用的左轮手枪。但是，火帽左轮手枪也有不足之处。比如，重新装填时间长，不能有效地密闭火药燃气等。在其广为流行之时，弹药也有了新的发展，金属弹壳枪弹被广泛使用，如：中心发火式枪弹、自带击针的针发式枪弹、边缘发火式枪弹等。美国枪械工匠、发明家霍勒斯·史密斯和丹尼尔·贝尔德·韦森发现这些特点，并使之应用到左轮手枪上，研制出可供实用的边缘发火式金属枪弹，这是对火帽左轮手枪缺陷的一大弥补，同时也意味着火帽左轮手枪将渐渐退出历史舞台。

● **家族成员**

世界上威力最大的手枪是美国史密斯&韦森公司生产的M500左轮手枪，并不是许多人认为的"沙漠之鹰"。M500左轮手枪在手枪世界里的名气来源于它的大口径，此枪为12.7毫米口径，发射人口径马格努姆大威力手枪弹，这里要特别指出的是，它所发射的子弹的动能，是大名鼎鼎的大口径"沙漠之鹰"的两倍！已经达到了大威力步枪弹的动能。杀伤威力完全可以用吓人来形容，称其为"手炮"一点也不过分。不过，这个大威力的手枪并非用于军事用途，而是用于狩猎大型猎物，一枪打死一头非洲象也不在话下。M500大口径左轮手枪全长457毫米，枪管长266毫米，全枪高165毫米；全枪不带子弹的重量是2.32千克，接近一只轻型冲锋枪的重量，握把为聚合物材料，无论从哪方面来说，它都算是手枪中的大炮。

● **女士最爱**

20世纪90年代，枪械界的焦点开始集中到女用手枪上。跟随这一潮流，史密斯&韦森公司也在1990年向市场推出了著名的9毫米口径女用左轮手枪——M36。该枪采用了M36左轮手枪的"J"形小型握把，是史密斯&韦森公司推出的第一种女士专用的左轮手枪。既然是女士们用，那这种枪肯定要小而轻，以能装进女士们的手提包为宜。首先，该枪很薄，易于持握，特别适合女性使用。其次，由于该枪较小，所以整体重量也就较轻，插入空弹匣时，枪重仅为707克。该枪容弹量为8发，操作简便。不过绝对不要以为此枪小而轻，就断定它的威力不大。你可别小看它，此枪的口径是9毫米的，威力之大是任何6.35毫米和7.65毫米口径的手枪都无法比拟的。该枪柔和的银白色外表散发出一种高雅而洁净的气息，再加上漂亮的枪盒，令女士们都爱不释手。

抗日战争的功臣
——毛瑟手枪

毛瑟手枪，在中国又称盒子炮、驳壳枪、"净面匣子"，其正式名称是毛瑟军用手枪。德国毛瑟工厂在1895年12月11日取得了它的专利，次年正式生产。由于其枪套是一个木盒，因此在中国也被称为匣枪。该手枪具有威力大、动作可靠、使用方便等优点，广泛流传于世界许多国家。中国很早就有仿造，在抗日战争中使用较广。它是世界上第一种真正的军用自动手枪，它的原型是由毛瑟兵工厂的职员费德勒兄弟三人共同努力，精心设计而成的。

● 军官之枪

1896年，毛瑟兵工厂希望能为德国军队生产驳壳枪。但是直到1939年毛瑟兵工厂停产驳壳枪为止，全世界没有一个国家采用驳壳枪作为军队的制式武器。在这几十年里，毛瑟兵工厂大约生产了150万把各式各样的驳壳枪。而其他国家仿造生产的数量则几倍于此。虽然它被称为军官之枪，但各国军队并没有采用驳壳枪为制式手枪，并不是因为质量不好，而是因为它的价格太高；另外一个原因是它当手枪尺寸太大，而作为步枪又威力太小了。

● 毛瑟手枪在中国

20世纪20年代一种被称为驳壳枪的自动手枪风靡中国，它在见证了现代中国革命历史的同时，也书写了英雄主义的传奇。中国人对毛瑟手枪的热爱程度可以同美国人对柯尔特左轮手枪的爱慕之情媲美，在长期的战斗实践中国人还独创了令人惊叹的毛瑟手枪使用技术。当时它的价格却相当昂贵，每把需要25美元，而同期其他的手枪才不过几美元。当时世界上共生产150万把毛瑟手枪，其中1/3都卖到了中国。这是因为各派军阀相互混战，急需要武器进行作战，而当时的日本控制西方向中国出口军火，因此毛瑟手枪成为各派武装的首选。

带有木盒托的毛瑟手枪在某些情况下可以当步枪使用，人们很容易忽视它的枪套。毛瑟手枪的枪套通常是个木头盒子，木头盒子除了装枪还可以把它安在枪上，成为枪托，以提高射击精度。在特定的环境下，对于中国军队来说，重火力一向不足，对近战火力的需求又大。当时中国的工业生产能力薄弱，无法提供大量的冲锋枪和弹药给作战部队。毛瑟自动手枪150米的射程，每分钟40～120发的战斗射速，10～20发的装弹量，正好弥补了老式步枪和机枪活力的空缺，毛瑟手枪无疑成为中国人的最爱。即使在今天，用作战观点来看，毛瑟手枪仍是最好的手枪，它在战争中受到从士兵到将军乃至元帅的青睐，已记入史册。事实上，当时如果没有来自中国的大批订单，也许毛瑟公司早就倒闭了。

● 精彩时刻

在中国，毛瑟手枪被应用于各种战争中，从北伐战争、长征、抗日战争到解放战争，毛瑟手枪几乎见证了现代中国革命的全部历程。因此，毛瑟手枪的应用技术被中国人创造得极为精湛。用欧洲轻武器评论家的话说就是："中国人把毛瑟手枪当作冲锋枪来使用，而且创造了一套有效的射击技术，积累了宝贵的战斗经验。"

在战斗中，战士们发现毛瑟手枪在射击时，枪口跳动得厉害，子弹在第二发以后很难命中目标。聪明的战士们通过经验想出了一个简单而且有效的方法，即在射击时把枪身旋转90°，使连发的弹头在水平面上形成散射，从而大大改善了该枪的实战效果。这个办法，当时在西方竟无人知晓。

当然，就现在的眼光来看，毛瑟手枪的体积是大了些，质量是重了些，但如果我们把它放到50年前或100年前去看，它曾经的辉煌则是任何一支手枪都无法媲美的。

军用手枪之王
——柯尔特M1911手枪

M1911手枪作为一款世界名枪，它不仅曾是许多国家军队的制式装备，它的仿制品及变形枪也遍布全世界。作为一款知名老枪，他经历了两次世界大战及朝鲜战争、越南战争等多场战火的洗礼；作为一款实战效果卓越的好枪，它已退出了正规部队装备的视线，但它至今仍是世上销路最广的手枪之一。

● 名枪名片

在自动手枪的发展历史上，美国柯尔特的M1911式及其改进型M1911A1式无疑是获得赞誉最多的手枪之一，有时也直接简称它为ACP。柯尔特M1911A1式自动手枪被许多国家军队采用，是世界上装备时间最长、装备量最大的手枪。它的设计者是大名鼎鼎的美国著名枪械设计师、发明家约翰·摩西·勃朗宁，由柯尔特公司买下专利权并销售，于1912年4月开始装备部队，成为美军装备的第一支半自动手枪。

第一次世界大战结束后，美国陆军军械部评估了M1911手枪的战斗表现，要求柯尔特公司进行改进：把背部拱起，表面刻有纹路；线膛内径减小，阳线高度增加；扳机缩短，表面有花纹，增加了拇指槽；准星较宽。新枪于1926年6月25日被美军正式采用，并重新命名为"0.45英寸口径M1911A1自动手枪"。此后，该枪在结构方面没有再进行大的改动。

● 永载史册

在第一次世界大战期间，柯尔特与合作者共生产了45万支M1911手枪，后来改进的M1911A1型手枪又参加了二战、朝鲜战争、越南战争，其总生产数量超过250万支，美军拥有的M1911系列手枪总数就超过了240万支，这惊人的纪录始终未被其他手枪打破。虽然1985年，美军重新选枪以后，M1911A1"解甲归田"，但其独特的结构设计，至今仍令人赞叹不已。此外有许多外国公司或政府还获得了柯尔特·勃朗宁的授权而生产不同口径的M1911型号手枪，提供给军队、执法机构、保安人员和民间爱好者。

● 经典战例

M1911手枪自装备部队以来，跟随着美军经历了无数次的大小战役，从比利时泥泞的无人区到越南浓密的热带丛林，经受住了各种条件的考验，深受美国大兵的喜爱。关于M1911手枪有很多故事，其中最为传奇的是，1918年10月8日，一个名叫阿尔文·约克的美国远征军下士在用一支步枪射杀了德军的一个机枪组后，仅用一支M1911手枪就威逼132名德国士兵放下武器并押往俘虏营。

1943年3月31日，美国第七轰炸大队，派两名飞行员驾驶B-24轰炸机去缅甸，轰炸日军的铁路桥。飞行途中遭遇日军战斗机的拦截，机上的两名飞行员被迫跳伞逃生，日军的战斗机立刻转移火力，向两名飞行员扫射。不可思议的一幕发生了，其中一名美军飞行员掏出了随身携带的M1911手枪，对着日军战斗机连开4枪，竟然打落了日军的战斗机。

经过战火洗礼的"柯尔特"自动手枪伴随着这些不老的传说走向了永远的辉煌。

● 忠诚卫士

M1911A1手枪结构简单，零件数少，分解结合比较方便，机构动作可靠，安全性好，故障率低。作为世界名枪，M1911A1优秀的战斗力是世界公认的。以其超重弹头为世人所关注，弹头重约15.16克，手枪口径是其他口径手枪所不及的，使用该手枪能给射手带来强大的安全感。该型手枪还采用枪管短后坐工作原理和勃朗宁独创的枪管偏移式闭锁机构，所以具有极强的可靠性，被誉为"忠诚卫士"。

此外，美国宾厄姆有限公司还为柯尔特M1911系列手枪配备了两种附件：大容量枪鼓和木制手枪托。大容量枪鼓容弹量达30发，不需任何手枪部件可直接插入手枪的弹匣口部；为安装枪托，手枪后部配有一个枪托可插入的槽。

手枪中的"袖珍炮"
——沙漠之鹰

看到"沙漠之鹰"这个词，人们首先想到的可能是导弹或者飞机，如果说它是一支手枪，或许你会有一种名不副实的感觉吧！可是以色列"沙漠之鹰"手枪却总和大威力、王者、重火力等词拥在一起，甚至在游戏世界里，它也是游戏高手们的最爱。

● 品牌历程

一般都说"沙漠之鹰"是以色列军事工业公司（IMI）的产品，这种说法并不完全正确，准确地说它应该是美国人和以色列人的共同作品。在1979年，三个美国人准备研制出一种能发射.357马格南左轮手枪子弹的半自动手枪，计划名称为"马格南之鹰"。原型在1981年完成，当时引起了很大的轰动。但由于供弹系统的问题，他们不得不向外求助,于是这个救世主的角色便落到了IMI头上。两年后9毫米口径的"沙漠之鹰"诞生了。随后不久,威力更大的11.2毫米口径"沙漠之鹰"又推出来了。1991年,IMI研制成功了12.7毫米口径的"沙漠之鹰"。1992年,由于美国政府对进口枪支进行限制,所以销往美国的"沙漠之鹰"全部由IMI生产零部件,将未经处理的半成品运往美国,由马格南公司进行组装和加工。这样"沙漠之鹰"就以"Made in USA"的形式继续在美国市场上销售。

● 家族成员

12.7毫米口径的"沙漠之鹰"全长270毫米,重1.99千克,采用导气式工作原理。它具有可调式扳机,塑料握把为整体式结构,造型犹如一个U字,由一根弹簧固定在受弹口后面,该枪可配备8倍的瞄具。试验时,曾经有一名射手,使用"沙漠之鹰"在15米距离外,20秒内射完一个8发弹匣,其子弹的着弹点在一个半径仅为5厘米的圆上,可见准确度之高。其威力更是让人称道,有"袖珍炮"的雅号。据说加长枪管后用于狩猎的"沙漠之鹰",射程可达200米,可以轻易地把一头一吨重的麋鹿放倒。现在,一些国家的特种部队队员,仍喜欢在腰间和枪袋中插着"沙漠之鹰",除了神气外,它还能给队员们带来更多的安全感。

● 后坐力惊人

"沙漠之鹰"一个广为人知的缺点就是它开枪时会产生巨大的后坐力。曾有一个极端的故事,一个初次使用"沙漠之鹰"的人因为没有注意握枪动作,开第一枪后就右手腕骨折。虽然这个例子过于极端了,真假也无法证实,但"沙漠之鹰"的后坐力的确不能小瞧。而且还流传着只有体重达到70千克的人才能正常使用它的说法。按照操作规范,初学者必须用双手持枪,射击时双手必须绷得紧紧的,伸直手肘,要用肩膀来吸收后坐力,即使这样做使用者也会手臂发麻。

● 鲜明特写

"沙漠之鹰"的多边形枪管是精锻而成的,标准枪长为152.4毫米,另外也有254毫米的长枪管供选用。由于枪管是固定的,并在顶部设有瞄准镜安装导轨,因此可以方便地加上各类瞄准镜。套筒两侧均有保险机柄,左右手均可操作。弹匣是单排式的,不同口径型号的弹容量不同。握把是硬橡胶制成，但在马格南公司也可特别订制其他的握把。"沙漠之鹰"与其他自动手枪相比的一个最大特点就是采用导气式开锁原理和枪机回转式闭锁。这是因为它发射的马格南左轮手枪弹的威力太大，一般威力的自动手枪所用的闭锁原理根本无法承受。

● 好莱坞之缘

"沙漠之鹰"彪悍的外形，不是任何人都能控制的，它的发射力量是任何小巧玲珑的战斗手枪所不能替代的。这种特点使它受到好莱坞的注意。1984年"沙漠之鹰"第一次在电影中登场。从此以后，它在近500部电影、电视中亮过相。当剧本中提到"有强大威慑力的手枪"时，导演几乎都是选择"沙漠之鹰"作为道具。下图就是阿诺德·施瓦辛格在电影《最后的动作英雄》里面一边驾驶敞篷车一边单手用"沙漠之鹰"将歹徒打得落花流水的形象。

获得"最"字最多的手枪
——伯莱塔手枪

意大利人在制造手枪方面拥有丰富的经验和先进的制造技术，在当代意大利手枪制造商中，伯莱塔公司是最具代表性的。它生产的手枪在历史上多次被意大利军队列为正式装备，同时也被世界上许多国家采用，其中M92F在近十年的手枪选型中曾击败众多对手，被美军正式选为新一代军用手枪。

● 选型冠军

意大利伯莱塔公司生产的92F手枪是当今世界上自动手枪的代表性产品之一，被美国在1985年第一次手枪换代选型试验时选中，美军称其为M9式。1989年第二次选型又被选中，更名M10，它也是目前美国三军装备的制式手枪，美军已用此枪全部替换了装备近半个世纪之久的11.43毫米柯尔特M1911A1手枪。在海湾战争中，美军尉官以上军官，包括总司令，腰间别的都是这种枪。该枪的握把全部由铝合金制成，减轻了重量，双排弹匣容量达到15发，扳机护圈大，便于戴手套射击。该枪枪身使用轻合金制造，整枪重量很轻，性能可靠，美军的青睐使其名声远扬。

● 手枪中的AK-47

伯莱塔92F型手枪一般采用镀银工艺，外观华美，人性化的扳机护圈形状便于双手握枪射击。该枪弹匣容量为15发，枪重950克，射程达到50米以上。它使用了双排弹匣，装弹量大，且不易走火；故障排除简单，在各种气候下都能运用自如；精确的射击与低廉的价格更是深受青睐。该枪如前苏联的AK-47步枪，各个单项性能并不是最好，但是动作可靠，故障率低，价格适中，综合性能出众，因而一举成名。可见在军用装备上，可靠性和实用性还是最重要的。在实战考验中，"伯莱塔"92F也得到了好评。海湾战争结束后，伯莱塔公司收到了许多使用92F型手枪的美军军官的私人感谢信，称赞该枪的良好性能。

● 好莱坞之源

《碟中谍Ⅲ》影片中，邪恶的军火贩子绑架了特工亨特的妻子。在惊心动魄的解救行动中，亨特一手搂住惊魂未定的妻子，一手用92F型手枪抵挡追兵，这一经典的"英雄救美"镜头震撼了所有观众。美国军事杂志一直喜欢调侃意大利的军火厂商，称"盛产情人的意大利，却很难生产出供情敌决斗时使用的合格的手枪"。但意大利伯莱塔公司最终打破了这种偏见，他们生产的92F型手枪深得美军的青睐，在国际上打响了品牌。它也被好莱坞导演相中，成为《碟中谍Ⅲ》里的"酷汉佩枪"。

顶级半自动手枪
——HK P7型手枪

德国机械历来就以严谨、精密而著称，德制武器在世界枪械史上更是自成体系，独领风骚。世界名枪毛瑟C96、卢格P08、瓦尔特PPK、HK USP……无一不令人津津乐道，而不论它们如何声名显赫，却无法掩盖住另一支枪的赫赫光彩，它就是HK公司的P7系列手枪。目前，在世界手枪家族中，大多数半自动手枪采用的仍然是传统的枪管短后坐、双动击发式结构，背离传统结构的可以说是凤毛麟角，德国HK公司在20世纪70年代末研制成功的HK P7式9毫米手枪就是比较典型的一个。

● 超酷档案

德国HK公司的P7系列手枪研制于20世纪70年代末期。在当时的反恐背景下，德国警方对警用型自动手枪提出了更高的要求，不仅要求火力强大，手枪尽可能的小巧、操作迅速快捷，还要求更加安全可靠，便于携带；不需操作任何待发机构或保险手柄可立即开火；枪的表面尽可能没有凸起，以便迅速从腰间抽出使用，而且左右手均能操作；手枪寿命至少达10000发。P7系列手枪就是为警方的需求专门研制的。它射击精度高、火力猛，使得该枪不仅设计风格独树一帜，其性能更是鹤立鸡群。P7系列手枪不仅在德国警察、军队中服役相当长的时间，还大量出口国外，至今英国的SAS特别空勤团、美国三角洲特种部队、美国中央情报局等众多著名部队和机构都选择P7作制式装备。

● 追溯历史

追溯P7手枪的发展史，与1972年发生的慕尼黑奥运会事件有直接关系。当年，巴勒斯坦几名激进分子为了引起国际社会重视巴以之间的民族争端，采取暴力手段非法绑架了数名以色列奥运选手。事件突发后，德国立即成立了专门解决小组。经过调查并确定人质地点后，慕尼黑市警方出动了所有能动员的警力，包括德国陆军也派出数百名全副武装的士兵前往支援。然而双方谈判最终破裂，发生了一场激烈的枪战，德国警方凭借强大的火力和人数上的优势制服了恐怖分子，但遗憾的是，混战中所有以色列奥运选手都遭恐怖分子杀害。

面对如此难堪的结局，德国警方进行了全面反思，认为口径混杂的各种枪支是造成这场悲剧的原因之一，另一个原因是打击不力，警方没有训练有素的反恐怖部队。不久，德国警方成立了第一支专门的反恐怖部队，同时对警用装备也提出了新的更高的要求，这其中包括对手枪的要求。针对要求，有关手枪厂家纷纷响应，研制出了各种新型手枪参与竞争。自此，德国警方的手枪市场由P5、P6、P7三分天下。

● 家族成员

P7系列手枪系列有P7M8、P7M13、P7K3、P7T8等多种型号。基础型是发射9毫米巴拉贝鲁姆弹的P7M8和20世纪80年代为参加美国军用手枪竞标而改进的P7M13。两支枪除了容弹量不同，供弹具及握把做了相应改进外，其余完全相同。P7M8弹匣容弹量为8发，单排弹匣上刻有数字以方便观察余弹量。P7M13采用13发弹匣，双排单进。

● 射击精度高

P7系列手枪系列的枪管为精锻机冷锻成型，采用多边形膛线，开创了独特的导气式延迟开锁装置。采用出气体延迟式开闭锁机构，击发后，部分火药燃气从枪管弹膛前方的小孔进入枪管下方的气室内，当套筒开始后坐时，作用在与套筒前端相连的活塞上的火药燃气给套筒一个向前的力，这样就延迟了套筒的后坐，使射击更为平稳。同时为降低自动机的后坐冲量，弹膛内部加工有纵向沟槽，从而增大了抽壳阻力，降低了自动机后坐速度，提高了射击的舒适性。枪管直接固定在套筒座上，简化了结构，提高了射击精度。

● 安全性能极佳

P7系列手枪外形小巧精致，枪身整洁流畅，而且安全性能依旧十分出色，只要不同时按压扳机和握把保险，手枪就不会击发。握把保险的待击发功能设计巧妙，待击到保险状态。而且该系列手枪前端还增加了待击握把保险片，一旦出现"瞎火"情况，可先松开握枪的手指，然后再用力握保险片，"哑"弹便会弹出枪膛，下一发子弹自动会装入膛内，省去了拉套筒推弹的程序，节省了用于排除故障的时间。

手枪中的冲锋枪
——格洛克手枪

奥地利格洛克（Glock）有限公司由工程师格斯通·格洛克创立于1963年，坐落于奥地利的瓦格拉姆市，大量采用工程塑料制造手枪是这家公司最具代表的创意。格洛克公司自投入生产Glock系列手枪不到20年时间里，Glock系列手枪已经为40多个国家的军队和警察的制式配枪。从20世纪90年代开始，世界各地的枪械制造公司在自动手枪中大量采用工程塑料部件的热潮，也是因为Glock手枪的成功而掀起的。

● 品牌特写

　　Glock系列手枪整个枪身都是由工程塑料整体注塑成型的，只是在个别关键部位采用了钢材质增强。这样不但降低生产成本，与其他零件的结合精度也大大提高，使得枪身在保养及使用方面上也大大提升。比如，潮湿的气候对于塑料枪身来说几乎是没有影响的，保养起来也比金属制品的枪身简单得多；外界温度变化的影响也小，赤手不戴手套握枪也不容易烫伤或冻伤；由于广泛采用了塑料零部件，枪身重量减小到620克，即使是一位女士，把它拎在手里也不会嫌重。不过，因为Glock手枪大量采用工程塑料制造，也曾引起过公众的疑虑。有人认为金属探测器等仪器不能够检测出这种"塑料枪"，恐怖分子会利用它来避过机场的安全检查。虽然Glock手枪的套筒、枪管和弹簧仍然是金属制品，但为了避免因公众疑虑而对销售产生障碍，在后来生产的枪身塑料中都加上了一种X射线无法穿透的染料，以便"接受"安全检查。

● 精彩时刻

　　Glock手枪在制造中采用严格、先进的工艺，零部件的误差非常小。据说Glock手枪刚开始引进美国时，在某个枪展上曾做过一次公开测试：工作人员将20把Glock17进行完全分解后的零件摆出来，由一个观众任意挑选零件重新组合成一把枪，然后用这把枪射击了2万发子弹，中间没有出现任何问题，整个射击过程都非常顺利。

● 特别关注

　　对于Glock手枪大量采用工程塑料作为主要部件最令人质疑的地方就是它的坚固程度和耐用性，一般人总觉得塑料不如金属耐用。实际上Glock手枪所用的强化塑料有非常好的强度和耐磨能力。使用Glock手枪的单位都对它的耐用性很满意，民间的用户也很少抱怨Glock的塑料部件。而Glock手枪的另一个显著特点就是扳机式保险装置。手枪是一种自卫武器，因此Glock手枪的设计思想就是让使用者将子弹推上膛即可使用，不必在射击前再打开保险，这一特性对于紧急情况下的拔枪自卫者来说非常重要。该枪在保险方面和安全性能方面曾做过一个实验：一把上了膛的Glock手枪从距水泥地面高16米处掉落，仍然安然无恙没有意外击发。

● 好莱坞之缘

在好莱坞影片《碟中谍Ⅲ》中，汤姆·克鲁斯扮演的特工伊森·亨特魅力不减，再次上演了"千里走单骑，孤身闯虎穴"的好戏。该片的一大看点就是导演为汤姆·克鲁斯配备了令人眼花缭乱的数款世界名枪，几乎是"一场战斗换一把枪"，《碟中谍Ⅲ》几乎成了一部世界名枪的展示片。影片中国际军火贩子的打手们在纽约街头追杀亨特，为了自保，亨特扭身向紧追不舍的汽车车胎开火，终于将其打爆，解了燃眉之急，而救他一命的正是奥地利公司研制的Glock手枪。

● 美中不足

当然，Glock也有一些缺点，例如：膛内没有弹指示标记。虽然射手可以将套筒轻轻向后拉一小段检查弹膛，却不是很方便；握把的尺寸也不算十分理想，旧式的握把对于手掌小的人来说不易紧握，而新式有手指沟槽的握把并不适合每个人的手形；虽然Glock的击发机构类似于双动型，但当击发遇上不发火现象时，并不能像普通的双动型手枪那样，马上再扣一次扳机，而必须拉套筒、退弹、上膛，再射击下一发。

现代手枪的典范
——勃朗宁手枪

比利时M1935勃朗宁大威力自动手枪是世界应用最广泛的手枪之一。因其精度良好、容弹量较大，在现代手枪结构设计中仍占有重要地位。同时，该枪也是一支著名的"长寿"武器，诞生70多年后还活跃在战场上。

● 全能枪械设计大师：勃朗宁

约翰·摩西·勃朗宁，1855年生于美国犹他州的一个小镇，父亲乔纳森在当地经营一家枪铺。在家庭环境的熏陶下使得勃朗宁从小就对制造枪械有深厚的感情。他24岁那年，就为自己设计的步枪申请了专利——虽然这支枪在历史上没有什么名气。此后他在枪械设计这块沃土上孜孜不倦地耕耘，成就辉煌。经他手设计成功的武器多达35种，无论是手枪、步枪，还是冲锋枪、机枪，几乎囊括了各种枪械。勃朗宁先后与美国当时最大的枪械制造商温彻斯特公司和著名的老牌柯尔特制造公司进行广泛合作，自主设计研发了众多枪械产品，其中包括成为美军制式手枪达60多年之久的柯尔特M1911A1手枪，并在合作期内发明了著名的柯尔特式闭锁原理。之后比利时FN公司在欧洲武器展览会上发现他的设计后，慧眼识英才，将他从美国招至麾下，全力为其提供施展才华的空间。勃朗宁作为近代武器设计大师永载军事史册，同时成就了FN公司半个世纪的神话。

● 风雨历史

1897年，勃朗宁利用击发时枪膛内气体的能量作为自动装弹的能量来源，设计出一种自动滑膛枪，但温彻斯特公司拒绝批量生产。勃朗宁一气之下来到比利时"赫斯塔尔国家兵工厂"，成为它的首席枪械设计师。1900年，勃朗宁设计出第一把自动手枪M1900。

● 技术革新

1904年，勃朗宁以他独特而敏锐的眼光，看中了民用自动手枪的潜在市场。他以M1903的成功设计为基础，将其尺寸缩小，开发出了第一支袖珍型自动手枪——M1906，发射同样是他设计的6.35毫米×15.5毫米半底缘自动手枪弹，并于1906年正式投产。该枪尺寸较小，全枪长仅114毫米，比成年男性的手掌要短得多，即使握在手中也不会引人注目。故解放前在我国被称为"四寸勃朗宁小手枪"或"掌心雷"，也有称其为"对面笑"的，取其隐蔽性好，可以攻敌不备之意。枪身宽约25毫米，体积只比一包香烟略大，紧急情况下在衣袋内即可直接射击。该枪质量较轻，空枪仅350克，带一个实弹匣质量仅400克，因此还颇受上流社会淑女的青睐。此后勃朗宁又设计了M1911半自动手枪，它的高装弹量和快速弹匣很快成为现代手枪的设计标准。1926年勃朗宁去世，但他的创新精神却延续了下来。近年来"赫斯塔尔国家兵工厂"不断推陈出新，成为世界著名的轻武器制造商。

● 技术档案

M1935勃朗宁大威力自动手枪采用枪管偏移闭锁方式，结构非常简单。之所以称为"大威力"主要是区别于以前以FN设计的各种勃朗宁手枪，如M1900、M1906、M1910等，它们多是发射低威力的7.65毫米或6.35毫米口径手枪弹。而M1935手枪使用的是9毫米×19毫米巴拉贝鲁姆手枪弹，对当时欧洲人来说的确是一种威力最大的手枪弹。其枪口动能达到490焦耳，在50米外的落点动能达到365焦耳，如此大的能量对杀伤相应距离内的无防护有生目标绰绰有余。除有手动保险外，还有扳机、弹匣和不到位保险，但无握把保险，只能单动击发。这使得该枪的使用者拥有更强的单兵火力，对近距离作战具有重要意义。充分显现了"大威力"的风格。

后起之秀
——西格绍尔手枪

　　1853年，弗里德里希·派依尔、海因里希·莫泽和康拉德·内尔3人在瑞士莱茵河福尔斯附近的诺伊豪森开设了一家生产四轮马车的工厂，当时他们还不知道，他们的公司最后会变成世界闻名的轻武器制造公司。7年后，他们建了一个大的生产车间用于制造更复杂的四轮马车和列车车厢。这时，3个雄心勃勃的合伙人开始了一个更大的冒险，根据瑞士联邦防卫部门的要求，瑞士马车制造厂开始加入研制新型步枪的竞争。4年后，瑞士马车制造厂，获得一项生产30000支前装式步枪的订单，于是他们把公司名字更改为瑞士工业公司，也就是现在的SIG公司。

● 逸闻趣事

20世纪90年代是西方枪械生产厂合并和分家的旺季，许多著名品牌都换了东家，SIG集团一直撑到21世纪，但最终在2000年把SIG Arms卖给了一家名为"瑞士轻武器"（Swiss Arms）的德国公司，Swiss Arms允许这个武器分部的各个部门仍旧独立运作，因此尽管这个前SIG Arms的分部已经不再属于SIG集团了，但是其美国分公司仍然称为"SIG Arms"，因此这种手枪的名字前面仍然加上"SIG"的称号。现在SIG集团的领导大概正为当初卖掉SIG Arms而痛哭流涕，因为在2003年5月份，SIG Arms获得一份法国政府的内部供应合同，提供27万把SIG Pro手枪，这是二战以来最大的一份手枪订单！

● 辉煌时刻

2000年，瑞士西格公司将轻武器分部转让给德国绍尔公司，经交涉绍尔公司获得"SIG"的商标使用权。为了参加2002年法国政府执法机构手枪选型试验，绍尔公司原西格轻武器分部以SP2009手枪为基础进行改进，并根据法国政府招标要求（手枪使用期限至少20年）命名为SP2022手枪。参加竞选的有绍尔、伯莱塔、HK、FN、格洛克、CZ、鲁格、瓦尔特、史密斯&韦森等公司。最后只剩下西格绍尔SP2022与HK P2000两者较量，尽管两枪的性能相当，但SP2022的标价280欧元较低，法国政府最终订购SP2022达27万支。

● 销售形势大好

在美国，西格绍尔手枪目前的销售形势空前大好，接连不断接到美国政府订货，2005年接受国家安全部大量订货，总额达2370万美元，其中有美国海岸巡防队的订货420万美元。从而改变了长期以来格洛克手枪在执法机构市场占绝对优势的局面。

2005年1月，西格绍尔公司在正式场合发表"美国陆军坦克、机动车辆与军械司令部决定采用SP2022手枪作制式"的消息。于是，SP2022成为继西格绍尔P228（美陆军制式名称M11）之后的美军制式手枪。虽然订货数量只有5000支，但对绍尔公司来说，最重要的不是现在的订货数量，而是可以获得美国政府订单，借机扬名，继续推出SP2022的市售型同格洛克手枪对抗，以争夺美国民用手枪市场。

● 发展前景

SP2022继承了西格绍尔P220系列手枪的工作原理及基本结构，并在设计上有所创新和改进，从而使该枪具有结构紧凑、牢固、安全性良好和操作简便等特点，因而该枪深受军警部门的青睐。在当今，配用这样大容量弹匣的自动手枪依然实用，而且SP系列手枪的小型便携性也很有魅力。不过在民用手枪市场上，这一点却不符合相关规定。在美国，目前规定民用手枪的容弹量不得大于10发，而SP2022容弹量15发，因而不能进入美国民用手枪市场。不过，西格绍尔公司一定不会轻易放弃大市场，也许会研制出符合相关规定的SP2022市售变型枪打入美国民用手枪市场。

被仿制最多的手枪
——CZ 75型手枪

"CZ"公司全名为Ceska Zbrojovka，其出产的枪械都印有该公司的缩写"CZ"。捷克人对枪的钟爱，造就了两名枪械设计天才，他们便是"KOUCky"兄弟。捷克的CZ75手枪是过去20年来最受推崇，也是被仿制最多的手枪。该枪在1990年前还不太为西方人所熟悉，但在后来短短几年内便名声大振。该枪以外形美观而著称，全枪线条流畅，精巧的布局，合理的人机工效及能够实施转换套件的设计思想，令其名声大震，是捷克枪械制造业二战后赢得荣誉的杰出代表。

● 超级影响力

CZ75手枪因具备射击精准、保养简单和价格低廉的特点，该枪在欧洲的商业销售获得很大成功。美国的枪械爱好者对该枪也持肯定态度，但当时捷克属于社会主义阵营，美国无法直接进口CZ75手枪，只能通过加拿大、南非等国家辗转购买，因而出现在美国市场上的CZ75手枪数量很少，价格也很昂贵。为适应市场需求，许多便宜的仿制品应运而生，像美国就有4家厂商仿制过CZ75手枪，另外瑞士、意大利等也仿造过CZ75手枪。瑞士的仿制品称为ITM AT84-S手枪；意大利的则称为Tanfoglio TA90手枪；以色列IMI公司的杰里科手枪也是CZ75手枪的翻版。

● 没有特点的手枪

作为一支成功的产品，CZ75手枪最大的特点就是"没有特点"，而是集诸多名枪设计于一身的大成者。CZ75手枪的整体设计源于勃朗宁9毫米大威力手枪，包括全枪的结构安排、外露式击锤、闭锁系统和复进簧系统的设计等等，就连套筒前端的形状都有几分相像；双动式击发机构则是借鉴了史密斯&韦森M39手枪和捷克二战期间曾经生产过的瓦尔特P38手枪；套筒、套筒座的结合方式以及枪管的设计等，则参考了西格P210手枪；握把部分，继承和放大了勃朗宁大威力手枪的优点，被公认为是最优秀的实用战斗手枪握把。当然，并不是简单地把几种优秀设计拼凑到一起就能设计出一支好枪。库斯基兄弟善于综合借鉴、扬长避短，CZ75手枪不仅吸收了前辈经典设计的长处，更避开了它们的缺点。如该枪套筒、套筒座的结合方式与大多数自动手枪不同，不是套筒包络套筒座，而是套筒大半均在套筒座之内，二者结合的导轨部分也较长，这种设计使得该枪在后坐时套筒运行得更加平稳顺畅，命中精度也有所提高，所以很多用过CZ75手枪的射手，都会对其射击时枪身的平衡感与稳定性留有深刻印象。

CZ75手枪的唯一特别之处是采用了9毫米×19毫米巴拉贝鲁姆弹，迎合普遍使用9毫米×19毫米弹的西方世界的口味，这也是CZ75手枪受到广泛欢迎的一个重要原因。9毫米口径带来的另一好处是容弹量的增加，作为一种中型尺寸的战斗手枪，该枪问世之初就成为当时世界上少有的几种弹匣容弹量超过13发的产品之一，因此具有相当的火力持续性。

● 家族壮大

自1975年诞生以来，CZ75手枪已经发展成为一个相当庞大的家族系列，其中作为基本型号的CZ75手枪就有多个版本。其中CZ75警用型、CZ75D紧凑型已被捷克警察部队用作制式手枪，后者还可以安装消声器和战术灯等。同时列入装备的还有供射击训练用的CZ75D气手枪，该枪利用压缩空气发射气枪弹，与CZ75 D手枪的部分部件能够通用。

校官之枪
——马卡洛夫手枪

马卡洛夫手枪又称PM手枪，是其设计师马卡洛夫英文名字的缩写。由于该枪体积小，重量轻，非常适宜警用，而用作军用威力偏低。一般被中级以上军官佩戴，还佩于指挥员和公安人员，也被人们誉为"校官之枪"。

● 超酷档案

20世纪前半期，有一支前苏联和中国都在生产、使用和大量出口的手枪——马卡洛夫手枪，是世界上最有影响力的手枪之一。该枪紧凑、小巧，在前苏联被称为PM手枪，在中国被称为59式手枪。过去，两国的军队和执法人员都使用过这个型号的手枪。后来，中国改进了马卡洛夫手枪，生产出54式手枪，成为中国军队和执法人员使用了几十年的武器。除中国进行仿制外（中国命名为54式手枪），华约各国也均有仿制，比如：朝鲜、越南。

● 鲜明特写

马卡洛夫手枪采用简单的自由后坐式工作原理，结构简单，性能可靠，成本低廉，在当年是最好的紧凑型自卫手枪之一。手枪射击时火药燃气的压力通过弹壳底部作用于套筒的弹底窝，使套筒后坐，并利用套筒的重量和复进簧的力量，使套筒后坐的速度降低，在弹头离开枪口后，才开启弹膛，完成抛壳等一系列动作。马卡洛夫手枪的击发机构为击锤回转式，双动发射机构。保险装置包括有不到位保险，外部有手动保险机柄。马卡洛夫手枪采用固定式片状准星和缺口式照门，在15米~20米内时有最佳的射击精度和杀伤力。其钢制弹匣可装8发PM手枪弹，弹匣壁镂空，既减轻了重量也便于观察余弹数，并有空仓挂机能力。

● 技术革新

该枪最明显的缺点是较低的停止作用和杀伤力，以及小容量的弹匣。在20世纪最后十年间有许多改进马卡洛夫手枪缺点的试验，并对其改进。增大容弹量的马卡洛夫手枪改进型与新弹药同时研制，弹药采用更轻的弹头和燃速更快的发射药颗粒，新枪弹的初速为430米/秒，比原来的9毫米×18毫米弹的315米/秒要快，使枪口动能提高到1.7倍。弹匣容量增加到12发，改进型把原来形状纤细的握把改成可以适应较厚弹匣的形状，握把嵌板也做了改进。改进型马卡洛夫手枪被定型为PMM，而新的枪弹也同时被定型为9毫米×18毫米PMM弹。PMM手枪既可用标准的PM弹也可以用改进的PMM弹。其使用对象为军队和执法机构，但销售运气并不好。2003年，马卡洛夫手枪正式被新手枪所代替，可仍然有相当数量的马卡洛夫手枪在俄罗斯的军队和特警队中服役。

奇特的专用装备
——间谍手枪

　　间谍是指从事秘密侦探工作的人，"间谍"一词也是一个常谈常新的话题。随着科技的迅猛发展，间谍工具不仅越来越先进，也越来越时尚。为了间谍工作和保护自身需要，间谍们配备了大量的匪夷所思的间谍装备，其中间谍手枪几乎是间谍们的必备装备。

　　一提起间谍，许多人脑海里马上会浮现出美国电影《007》中邦德的形象，觉得间谍似乎都身手不凡、智慧过人，能杀人于无形、窃物于无声。在各类影视剧中，间谍手枪也成为演员们的至真道具。从影视剧中看到的间谍最多的活动可能不是窃取情报，而是杀人。间谍手枪作为杀人武器的手枪往往能够出其不意地出现在人们的眼前，它是以日常用品形状来伪装外形的手枪，可随身携带而不易发现，有系在腰带上的，也有装在袖子中的、也可以伪装成雪茄、烟斗……五花八门，千奇百怪。这些枪械无疑是最酷的间谍装备。但是，这种武器在近距离内使用，仍然是非常致命的。

蛙人利器
——水下手枪

　　战场是无处不在的，水下同样是敌人进攻的重要领域，但很少有人知道。直到20世纪70年代，许多国家承担水下作战任务的蛙人部队，主要装备都是短刀和匕首，因为普通枪械在水下根本无法应用。

　　水下枪的设计难度要比普通枪械大得多。首先是密封问题，由于枪械的射击要靠火药气体来推动，一旦密封不好，火药就会被水浸入不能爆炸，导致燃烧效率低下而无法发射；其次是要克服水的阻力，由于水的阻力影响，普通子弹在水下发射，射程会非常近，方向也会因水流影响而变得无法控制。水下枪要想获得较大的初速和射程则必须加大膛压，这样会带来供弹困难、机构动作难以协调等一系列问题。许多国家都想攻克水下手枪这一技术难关，但长期没有进展。

俄罗斯是最早研制水下枪的国家，最先取得突破的是前苏联专家克拉夫琴科。根据他的构想，前苏联专家造出了一种长椭圆形子弹。这种子弹长约20毫米～110毫米，比普通子弹长几倍甚至几十倍。它头粗尾细，在高速飞行过程中，只有弹头部分受水的阻力影响。随后，工程师西蒙诺夫和他的妻子西蒙诺娃设计了能发射这种子弹的4管水下手枪。这种手枪采用全密封枪管，不会进水，能在水下准确击中6米～20米远的敌人。在此后近20年的时间里，前苏联包括后来的俄罗斯水下手枪技术一直对外保密。目前，世界上只有俄罗斯、德国、英国等少数国家研制成功水下枪。

● 俄罗斯SPP-1型水下专用4管无声手

为了在与敌方蛙人对阵时有更大的优势，前苏联海军在20世纪60年代后期要求NIITOCHMASH（中央精密机械研究所）研制专门的水下手枪，该枪被命名为SPP-1，是"特种水下手枪"的缩写。主要装备俄罗斯或其他前苏联加盟共和国的蛙人部队。它的性能优良，是目前最先进的水下近距离射击武器之一。

SPP-1型水下手枪保障水下17米、地面20米距离内消灭敌方有生目标。空气初速度250米/秒，5米水深中有效杀伤射程为17米，10米水深中为14米，20米水深中为11米，地面使用有效杀伤射程为20米，空重0.95千克，带弹重量1.03千克，枪长244毫米，枪管长203毫米，可携带的弹药基数16发，水下弹药再装填时间5秒，地面弹药再装填时间3秒。手枪采用手工非自动式装弹，4个平滑枪管全部密封装配为一组，通过可折叠转换装置安装在手柄托架上，射击时依次转动。SPP-1M型手枪基本上与SPP-1型手枪相同，主要的改进有两个方面，一是在扳机拉杆上增加了一个弹簧以改善扳机扣力，二是扳机护圈增大以适应较厚的潜水手套。SPP-1型水下手枪无论是从战斗性能，还是从行动安全程度、使用方便性能等方面来讲，都优于所有同类产品，赢得了较高的呼声。

● 德国HK P11水下无声专用手枪

德国HK公司1976年定型的P11也是一款知名的水下手枪。该枪一次可以装5发弹，发射7.62毫米口径的镖形弹，陆上有效射程30米，水下有效射程10米～15米。与SPP-1不同，该枪在5发弹用尽后，需要将枪送回工厂重新装弹密封。以色列海军蛙人部队、美国中央情报局、法国对外情报局都装备有这种手枪。2004年，为确保参加雅典奥运会的英国运动员的安全，英国国防部向雅典派遣了一支特种小分队，他们的装备里便有德国HK P11水下手枪。

P11水下无声专用手枪的主要特点是借助电子系统，通过电动控制发射子弹，既能在水下，也能在地面使用。该枪手柄中有两块蓄电池，扣动扳机时它们发出电火花，点燃子弹的助推火药，子弹射出枪膛。水下有效射程为15米，水上可达50米，特别适合从水下到海岸的秘密渗透行动。P11手枪在30米距离内的射击效果非常高，丝毫不逊色于黑克勒和科赫公司生产的MP5-SD6无声冲锋枪，能够消灭水下任何敌人，特别是在港口附近水质状况不好、水下能见度较差的水域内活动的敌人。

轻武器火力之王
——机枪

在战场上，步兵最主要的直接火力支援就是机枪，它是利用部分火药气体的能量和弹簧的伸张力推动机件使之连发射击，带有两脚架、枪架或枪座等固定装置的枪。早期也有人称之为"机关枪"。

● 机枪分类

通常分为轻机枪、重机枪、通用机枪、高射机枪和飞机、舰艇、坦克专用机枪等。

★轻机枪装有两脚架，重量较轻，携行方便。战斗射速一般为80发/分～150发/分，有效射程500米～800米。轻机枪一般装备在班、排，因此又称"班用机枪"，是步兵冲锋和防御的主要支援武器。

★重机枪装有稳固的枪架，射击精度较好，能长时间连续射击，战斗射速为200发/分～300发/分，有效射程平射为800米～1000米，高射为500米。其威力较大，全枪较重，是步兵分队的主要支援火力。枪架一般具有平射、高射两种用途，既能射击地面目标，又能射击低空飞行的目标。

★通用机枪，亦称两用机枪，以两脚架支撑可当轻机枪用，装在枪架上可当重机枪用。它能提供稳定、持续的火力支援，机动灵活且便于训练和补给，主要用于压制火力点。二战以后新研制的机枪大部分是通用机枪。

● 发展历史

19世纪步枪出现，由于步枪的射速低，对集团式的冲锋或防御作用有限。19世纪末西方资本主义国家相继开始了连发枪械的研制。英国人帕克尔首先研制出单管手摇机枪，但由于枪身太重，装弹困难而未受到重视。1883年英籍美国人马克沁发明了利用火药燃气为能源的机枪，机枪这才得以被各国部队普遍配备并使用。

● 鲜明特点

轻机枪的重量相对比较轻，可以单兵携带和射击。一般带有连接在枪身前部的两脚架，以便匍匐射击。现代轻机枪还可以像步枪那样以各种姿势射击。可采用多种供弹方式，如弹链、弹鼓、弹盘和弹匣供弹等。

军魂之利刃
——MG42通用机枪

德国制造的MG42机枪被公认为二战中最完美的机枪，德国人骄傲地称之为"德意志军魂之利刃"；而盟军士兵，尤其是那些飞扬跋扈的美国大兵却被它搞得意志消沉、无心恋战、士气低下，视其为"步兵的噩梦"。它曾被轻武器评论家用三个最高级的形容词词组来描述：最短的时间、最低的成本，但却是最出色的武器。直到今天，MG42的变型枪仍被广泛使用着。

● 威名赫赫

"一战"结束后，对于不甘心失败、一直想复仇的德国人来说无疑是一种桎梏。于是，在夹缝里求生存的德国人在这场"限制与反限制"的斗争中另辟蹊径。针对MG34型机枪在生产过程中出现的零部件过多、结构复杂，难于适应快速生产以及维护费问题，1938年，德国开始研制一种结构简单、易于制造保养、射速极高的新型机枪。1942年开始，这种新型机枪开始装备所有的一线部队，称为MG42型机枪。由于该机枪采用冲压钢件制造、结构简单，适于大量快速生产；射速极高，具有极佳的火力压制能力；枪管能迅速更换，使其极易维护；射击时还发出类似"撕裂油布"的声音，在精神上对敌人更是一种震慑。第一次遭遇MG42的美军惊恐地发现，在他们机枪每点射一次的时间里，德国人的新机枪已经可以点射三次了。该机枪对盟军士气打击极大，的的确确成为"步兵的噩梦"。正因为MG42机枪在"二战"中的出色表现，其优点才得以迅速为各国军队所认可。据战后统计，战争期间MG42机枪的产量高达100万挺，于是，"二战"后许多国家使用的机枪上都有MG42的影子，如美国的M60、德国的MG3、意大利的M42/59、南斯拉夫的SARAC等。

● 展示平台

MG42的机枪组分轻型、中型和重型。轻机枪组由3人组成，观察员、射手和装填手，使用易于迅速转移的两脚架MG42，携带弹药不多，一般随班作战。在突击时，轻机枪组的MG42能迅速换上75发圆形突击弹夹，继续为班组成员提供火力支援。中型机枪组、重型机枪组则由4～5名成员组成，使用三角支架，一般不配备突击弹夹。不同的是，重机枪组的MG42安装了能保证机枪火力更持久的重型枪管。射手是MG42机枪组的灵魂，因而只有拥有坚定意志的士兵才能担任。

● 鲜明特写

该枪最大的特色就是大量采用冲铆件，大大地提高了武器的生产效率，这在机械制造史上尚属首创。正因为如此，MG42机枪一面世，盟军谍报人员的报告几乎都是千篇一律："德国人不行了，没有原料了，生产出这么简单粗糙的机枪就是铁证。"看来，盟军只能在战场上去体会它的威力了。其实，这并不是资源衰竭的德国人所做的"垂死挣扎"，而恰恰是机械生产制造方面一次天才的突破，它对于降低成本和减轻武器重量具有不可估量的意义，因此在当今的机械制造中大量使用冲铆件已是十分普遍的事了。

● 后起之秀

2001年，HK公司将试制完成的MG43机枪推荐给德国军队，德军立即对该枪展开了各项试验，并给予该枪"MG4"的试验名称。MG43机枪采用与MG42机枪极其相似的供弹机构，能够不断地向枪的受弹器内拨入带弹的弹链。该机枪采用了打开式枪机，向后方拉动拉机柄使枪机后退，利用阻铁将后退的枪机固定在后方位置上。之所以采用打开式枪机，是因为该只机枪具有连发射击功能，发射时枪机不断地处于后方位置，有利于提高枪管的冷却效果。

MG43是装备战斗小组展开支援射击的轻量、小型的轻机枪。MG43由于把重点放在了小组的支援射击上，因此取消了单发射击的功能，只能连发射击。自动方式为导气式，设在枪管下方的活塞筒内引进部分发射药气体，使活塞后退，解除枪机和枪管之间的闭锁。

战场大锯
——米尼米机枪

比利时米尼米（Minimi）5.56毫米轻机枪是著名的现代枪械制造商比利时FN公司的杰出作品之一。该枪于20世纪70年代初研制成功，主要供步兵、伞兵和海军陆战队做直接火力支援使用。米尼米轻机枪承继了FN枪械的一贯作风，具有质量轻、体积小、结构紧凑、操作方便、勤务简单等特点。现已装备美国军队，编号M249，其他国家如比利时、加拿大、意大利和澳大利亚等国家也都将它定为制式装备。

● 独特设计

米尼米为导气式自动武器，开膛待击的方式可以使枪膛迅速散热，防止枪弹自燃。导气箍上有一个气体调节器，有三个位置可调：一个位置为正常使用，可以限制射速，以免弹药消耗量过大；一个位置为在复杂气象条件下使用，通过加大导气管内的气流量，减少故障率，但射速增高；另一个位置是发射枪榴弹时用的。当采用弹链供弹时，为方便携带，FN公司设计了一种既是供弹具也是存放枪弹的盒形弹箱，弹箱配用美国M12型可散弹链，可装200发枪弹。取下弹箱左侧板，可以将弹链装入弹箱内。将弹箱夹在机枪的供弹机下方，就成为枪整体的一个部分。米尼米后来又为美军设计了一种软式的弹袋，有100发和200发两种容量。

● 展示平台

米尼米重7千克，枪管更换也非常方便，只需一只手捏住提把就可装卸，区区几秒钟就搞定，这是米尼米最特别的地方。标准型米尼米机枪还配备有固定枪托，伞兵型配有折叠托，另外还有一种没有枪托型可以装在装甲运兵车上使用。两脚架一直跟随米尼米作战，如果需要的话，还可以装在轻质三脚架上射击。一分钟能把700~1000发子弹射向敌人，比每分钟500多发的M60快，甚至可以射穿1000米开外敌人的护甲。由于重量轻，弹药通用，可用作步兵班的支援火力，所以它也被称为"班用自动武器"。

● 魔鬼检验

看米尼米射击试验，简直就是酷刑：长时间浸泡在盐水里，不作任何擦拭就装填、发射；放在高温、湿度大的柜子里"蒸"十天，模仿在热带气候中枪支们的表现，然后拎出来不做擦拭就发射。遭受这样的蹂躏还不够，还要浸泡在泥浆里，出了泥浆又被埋在沙子里，接着淋雨水，然后进行结冰试验……但是在各种可靠性试验中，米尼米的故障率低于其他机枪。

● 美中不足

试验归试验，在实际使用过程中，米尼米也出现过很多问题。比如可靠性差，射击散布过大，锋利不平的毛刺经常会割伤射手，射手所穿的伞兵服还经常被固定提把钩住，灼热的枪管经常烫伤射手的手指，不过经过不断改进这些问题都已解决。

● 逸闻趣事

作为美国陆军的制式装备，米尼米M249参加了海湾战争，整体表现良好。不幸的是M249依然和一出悲剧有密切联系：一名倒霉的机枪手在使用完后忘记处理好M249的枪栓，而更不幸的是当他睡觉的时候，这把M249放在他的身旁，接下来的事我们也许已经预料到了，梦中他的翻身压到了M249，M249马上就把他打成了蜂窝。由此悲剧也可看出了M249的一大缺点，也就是俗称的"易走火"。

口径最小的机枪
——RPK-74机枪

20世纪60年代，当世界班用枪族小口径化风起云涌之时，前苏联也在秘密进行着研制工作。1974年苏军开始装备5.45毫米口径的AK74枪族、RPK-74机枪，并在阿富汗战场上使用，收到良好的效果，这使当时的西方国家大为震惊。RPK-74属于AK-74的变型枪，它是枪械设计大师卡拉什尼科夫领导的小组于20世纪70年代研制成功的。

● 超酷档案

在新的5.45毫米弹和AK-74突击步枪被部队采用后，以AK-74为基础的班用轻机枪也开始研制。木质固定枪托的称为RPK-74，供伞兵部队使用的折叠枪托型称为RPKS-74。RPK-74和RPKS-74在20世纪70年代后期装备苏联军队，现在俄罗斯军队仍在使用，每个步兵班（10人）中都有一挺RPK-74。另一种是可加装夜视瞄准镜的PPK-74N专用于夜间作战用。

● 品牌特征

RPK-74是以AKM为基础发展出来的轻机枪，在1959年被苏军采用。RPK-74的许多设计特征不同于AKM，它与AK-74不同的地方主要是装有一根加长加重的枪管、一个可折叠的两脚架和一个射击时利于左手操持的枪托。RPK-74的柱形消焰器利于提高夜间射击的隐蔽性，令行家羡慕，上面有5个柳叶状的孔，形状类似于美国M16的鸟笼形消焰器。RPK-74使用5.45毫米枪弹，是目前世界上口径最小的机枪，可实施自动或半自动射击。它还有一个特点是与步枪零件互换率高。它可靠性好、火力猛、重量轻。RPK-74全枪长1.055米，枪管长591毫米，空枪重4.5千克，理论射速600发/分，有效射程600米。它还有一个特点是与枪族AK47步枪零件互换率高，其70%的零件可以通用。

● 鲜明特写

RPK-74配有容弹量为45发的玻璃钢塑料长弹匣，也可配30发弹匣，两者可以互相通用，并且可以使用同枪族的其他弹匣。另外卡拉什尼科夫还设计了75发装、90发装的弹匣和大容量的弹箱。

● 5.45毫米"毒弹头"

在阿富汗战场上，RPK-74机枪令人谈之色变，人们将其发射的这种5.45毫米小口径子弹称为"毒弹头"，不是因为该弹内含有毒素，而是这种弹的弹头一旦打入人体，当进入仅70毫米时就开始翻滚，甚至破碎解体，因为子弹进入人体内部会旋转，看起来伤口很小，实际上人体受伤程度却很严重，所以被称为"毒弹头"。

一代名流
——M60系列机枪

M60通用机枪是二战后美国制造的著名机枪，是由美国斯普林菲尔德兵工厂研制的，1958年美军将其作为制式武器装备，1959年正式定型为M60，并全面投产。尽管后来出现了FN M249替代机枪，但M60自身优秀的性能和不断适应新战争环境的特点是很多机枪所无法相比的。现在，美军一些特种部队中M60系列仍在使用。

● 超酷档案

M60通用机枪的设计在很大程度上受当时德国先进的MG42机枪和FG42伞兵步枪的影响。它采用导气式工作原理，枪机回转闭锁。M60主要特点是采用并改进了MG42简单高效的弹链供弹系统；大量零件由铸锻改为冲压，这在当时的枪械生产工艺上是很大的进步；枪机、受弹器座等多处采用滚轮，以减少运动件之间的摩擦；采用了枪管衬套，在弹膛及与线膛过渡部分采用了152毫米长的钨铬钴合金材料制作的衬套，从而大大增强了在高温高压条件下保持武器持续射击的能力和连续射击时枪管的机械性能。由于枪机自由行程较长以及缓冲器吸收了大部分后坐能量，使武器射速较低，射击时容易控制枪身、便于手动控制点射。

质量大幅度减轻，而且结构紧凑。

● 实战考验

我们经常在一些反映战争题材的电影里看到M60机枪的身影。在电影中，美军把它作为冲锋陷阵的冲锋枪使用。而实际上在越战时期，美军士兵确实大量使用了M60通用机枪，以其猛烈的火力来压制越军，此外，在1983年，美军一支突击队曾用两挺M60机枪，对抗一辆两栖装甲车，最后克敌制胜，营救出当时的英国总督斯库思。

● 美中不足

M60式机枪具有质量小、结构紧凑、火力猛、精度好、用途广泛等特点。采用了导气式工作原理，枪机回转闭锁方式。它的导气装置很特别，采用了自动切断火药气体流入的办法来控制作用于活塞的火药气体能量。枪管下的导气筒内有一个凹形活塞，平时凹形活塞侧壁上的导气孔正对枪管上的导气孔。当火药气体进入导气筒内以后，在凹形活塞的导气筒前部的气室中膨胀，在火药气体压力达到一定程度的时候，推动凹形活塞向后运动，活塞又推动与枪机框相连的活塞杆向后运动。活塞向后移动时，会关闭侧壁上的导气孔，自动切断火药气体的流入。这种结构比较简单，不需机枪常有的气体调节器，但也有缺点，缺点就是不能调节武器的射速。

● 特别关注

M60的主要问题是枪管升温快，更换枪管困难，活动部件不耐用等等，其中枪管升温过快和更换枪管困难是M60最主要的缺点。由于M60的两脚架和活塞筒是固定在枪管上，而提把安装在机匣上，因此更换枪管时，通常是由1号射手一手抱枪托，一手握提把，把武器指向安全方向；而2号射手则戴上隔热的石棉手套，扳开枪管定位杆然后拉出整个枪管组杆，接着再装上新的枪管。由于M60的准星也是固定在枪管上的，而且准星不能进行调整，因此1号射手不得不在重新射击时再次进行归零校正。两脚架、活塞筒固定在枪管上不光给更换枪管带来麻烦，对于2号射手来说也是增加了不必要的负担。而且M60作为班用支援武器来说显得太重，一般安装在三脚架或车辆上使用，但作为重机枪而言M60的射速又太低。

"老寿星"地狱夫人
——M2HB机枪

美军枪械发展史上有一个有趣现象：其他枪族都换了好几代，唯独重机枪还是"布朗宁"M2HB，这种被戏称为"地狱夫人"的机枪已服役八十余年，为美军中少有的古董级武器。勃朗宁M2HB 12.7毫米大口径重机枪产生于第一次世界大战期间，1933年经改进后再也没有大的改动。历经两次世界大战，至今已是风雨沧桑的机枪，成为武器中当之无愧的"老寿星"。

● 追溯历史

1916年9月15日，在一战期间的索姆河会战中，坦克首次投入战场。英国的49辆坦克像怪物一样突然出现，虽然其中大部分因机件损坏未能很好地执行任务，只有9辆完成了预定的冲击任务，却在德军中引起了极大的恐慌。德军第三军团的参谋长向上级作了这样的报告："在最近这次战斗中，敌人使用了一种新型作战武器，这种武器极为有效，而且十分残酷。"使用7.62毫米口径的机枪很难对付坦克、火炮的防盾等目标。因此，美国远征军总司令潘兴上将要求研制威力更大口径机枪。为了赶进度、抢时间，设计师勃朗宁和温彻斯特公司的技术人员合作，在7.62毫米枪弹和M1917勃朗宁中型机枪的基础上按比例放大成12.7毫米枪弹和放大型M1917机枪，后经不断改进于1921年研制成功，在1933年定名为M2HB大口径机枪。

● 威名赫赫

M2HB机枪其射速可达每分钟450发，最大有效射程约为1830米，并具有很强的杀伤力和多功能性。服役几十年来，美国陆军一直没有考虑用别的新式大口径机枪来替换M2HB 12.7毫米重机枪，原因主要如下：一是因为它的使用方式以车装为主，只在极个别情况拿下车来使用，其质量大小对于车船来说不是主要矛盾；二是因为其定型生产几十年，成本低廉，作为各种装甲输送车、装甲侦察车、坦克、自行火炮、船艇等的附属武器备受主体装备系统订购者的青睐。这种实用主义的观点恐怕还会持续下去，因有前车之鉴：20世纪70年代末，美国陆军军械研究工程发展中心曾研制出采用导气式原理、回转闭锁机构、质量减到21.3千克的12.7毫米机枪方案；AAI公司曾研制出导气式原理、双路供弹、回转闭锁机构、质量减到25千克的12.7毫米机枪方案；20世纪80年代初，萨科公司曾研制出一个可与M2HB零部件互换通用率达到73%、质量减为25千克的机枪方案；拉莫公司也曾研制出质量为26.7千克的12.7毫米机枪方案。但这些更新方案都由于造价过高而被束之高阁。因此，M2HB 12.7毫米重机枪以其固有的优势长存。

● 技术革新

在2007年的美国国防工业协会轻武器研讨和展览会上，美国陆军展示了在M2HB基础上改进的增强型M2HB重机枪。增强型M2HB与M2HB重机枪的总体性能相差不大，如：仍具备快速更换枪管的能力，更换枪管时能保持固定的闭锁间隙以保证可靠性和安全性；沿用了枪管短后坐式工作原理和卡铁起落式闭锁结构，内部设有液压缓冲机构，减少了部分后坐；采用单程输弹、双程进弹的供弹机构；能够发射普通弹、穿甲弹、穿甲燃烧弹和训练弹等多种12.7毫米×99毫米枪弹。

增强型M2HB重机枪主要在以下几个方面进行了升级改进：

增加了手动扳机保险——M2HB重机枪大多安装在各种车辆上使用，在膛内有弹的情况下容易因车辆行驶中震动而走火。

采用高效膛口制退器——M2HB在射击时枪口烟焰明显，容易暴露自己，而且在射击时还影响到了瞄准镜的使用。增强型M2HB重机枪采用了高效的叉型膛口制退器，不仅降低了后坐和枪口烟焰，还大大减少了射击时对瞄准镜的影响。

改进了枪管——进一步缩短更换枪管的时间，增强型M2HB安装了枪管定位系统，确保更换的新枪管快速锁定到位，达到了缩短更换枪管时间，提高火力持续性的目的。增强型M2HB还将原来较软的枪管提手改用为硬质材料，以方便更换烫手的枪管。

单兵突击利器
——冲锋枪

冲锋枪是指双手握持发射手枪弹的单兵连发枪械。它是一种介于手枪和机枪之间的武器，比步枪短小轻便，便于突然开火，射速高、火力猛，使用于丛林、战壕、城市等短兵相接的战斗中。它是进行冲击和反冲击的突击武器，在200米内具有良好的杀伤效力。

● 追溯历史

冲锋枪诞生于第一次世界大战中，为了适应堑壕战的需要，意大利陆军上校维里于1915年设计，由维拉·派洛沙工厂生产，是一种发射9毫米手枪弹的双管全自动轻型武器，它奠定了现代冲锋枪的基础。1918年，德国轻武器设计师施迈塞尔设计的MP18冲锋枪问世，被认为是第一支真正意义上的冲锋枪，其改进版MP18I型当年夏天就装备了德国部队。

● 冲锋枪的特点

冲锋枪结构较为简单，枪管较短，采用容弹量较大的弹匣供弹，战斗射速单发为40发/分，长点射时约100发/分～120发/分。冲锋枪多设有小握把，枪托一般可伸缩和折叠。它是一种短枪管、发射手枪弹的抵肩或手持射击的轻武器，装备于步兵、伞兵、侦察兵、炮兵、步兵、空军、海军等。冲锋枪的基本特点可概括为：体积小、重量轻、灵活轻便、携弹量大、火力猛烈。

● 冲锋英雄

美国的汤普森冲锋枪被认为是冲锋枪的元老之一，在20世纪二三十年代，很多匪徒都使用这种枪，使其变得声名狼藉。二战爆发后，卓越的战斗性能使它成为世界上很有影响力的枪械。苏军的步兵连都有冲锋枪排，战士手持冲锋枪视死如归，勇猛扫射，开辟前进道路，建立了不朽的功勋。德国"党卫军"手持MP40冲锋枪，凶猛残暴，德国"冲锋队"队员飞扬跋扈，杀人无数。二战中，冲锋枪被誉为"金不换"，在士兵中有句话叫"冲锋枪加手榴弹，打近战金不换"，可见士兵对它的喜爱程度。

● 装备现状

目前，各国装备的冲锋枪包括有普通冲锋枪、轻型或微型冲锋枪以及短枪管自动步枪和个人自卫武器，冲锋枪的口径以9毫米为主。但由于冲锋枪枪弹威力较小，有效射程较近，射击精度较差，加之步、冲合一的突击步枪的问世，第二次世界大战后，其战术地位逐步下降。现代冲锋枪多为特种部队和警察所使用，从国外轻武器发展势头来看，除了微型、轻型、微声冲锋枪仍有生命力以外，常规冲锋枪将被小口径突击步枪所取代。

反恐怖部队首选利器
——HK MP5 系列冲锋枪

提起反恐精英，人们自然而然就会想到一个个身着黑色或迷彩作战服和防弹背心、头戴贝雷帽、手提 MP5 冲锋枪、神情刚毅而专注的特种兵。从某种程度上说，MP5 已经成为了反恐力量的一个象征。正如 MP5 的广告宣传语所说的那样——当生命受到威胁，你别无选择。MP5 在投入服务的四十多年来，因其精确、可靠和威力适中，一直是各国特种部队特别是反恐怖部队的标准装备之一。

● 追溯历史

20 世纪 50 年代初，北约和华约开始进入冷战对峙阶段。1954 年原联邦德国制订了新的军备计划，并开展了与步枪不同制式的冲锋枪试验，以此促进国产冲锋枪的研制开发。不但德国国内各大枪械公司参加了这次试验，一些国外的进口枪也参与其中。同年，为参加这次试验，HK 公司设计了 G3 步枪小型化的冲锋枪，命名为 MP·HK54。该枪发射 9 毫米 × 19 毫米手枪弹，准星与初期的 CETME 步枪相似，呈圆锥型，照门则与后期的 CETME 步枪相似，为翻转式。20 世纪 60 年代初，HK 公司忙于 G3 步枪的生产，未能顾及 HK54 的发展，直到 1964 年 HK54 尚未投入生产，仅有少量试制品。1965 年，HK 公司才公开了 HK54，并向德国军队、国境警备队和各州警察提供试用的样枪。1966 年秋，德国警备队将试用的 MP·HK54 命名为 MP5 冲锋枪，这个试用名就这样沿用至今。

● 卓越性能

由德国 HK 公司生产的 MP5 系列冲锋枪，是当今世界上最为威名显赫的冲锋枪。MP5 的性能优越，特别是它的射击精度相当高，这是因为

MP5采用了与G3步枪一样的半自由枪机和滚柱闭锁方式。当武器处于待击状态在机体复进前，闭锁楔铁的闭锁斜面将两个滚柱向外挤开，使之卡入枪管节套的闭锁槽内，枪机便闭锁住弹膛。射击后，在火药气体作用下，弹壳推动机头后退。一旦滚柱完全脱离卡槽，枪机的两部分就一起后坐，直到撞击抛壳挺时才将弹壳从枪右侧的抛壳窗抛出。在20世纪末期重大的反恐怖活动中，均有MP5登场亮相，很多时候MP5起到至关重要的作用。现在，MP5已经成为多个国家反恐怖特种部队的标准配枪。

● 特别关注

20世纪70年代是都市游击战的疯狂年代，恐怖分子袭击重要人物时多采用火力猛烈的冲锋枪和突击步枪。而保护重要人物的警卫感到需要同样火力的全自动武器，由于佩枪人员要经常出入公众场合，这种武器还需要像半自动手枪那样可以隐藏在衣服下，避免引人注意。1976年HK公司推出的短枪管MP5K，就是在这种背景下产生的。"K"是德语"短"的缩写。MP5冲锋枪是采用半自由枪机式的设计，虽然这种枪机存在零件多、成本高的缺点，但后退的枪机速度缓慢，所以无需改用强力的复进簧。小型化后的MP5K仍保持有较高的命中精度，而连发射速每分钟只比MP5增加100发。由于枪管缩短，护木也相应缩短，为了使枪便于握持，在枪管下方安装了垂直的前握把。前握把前方有一个小的向下凸块，可防止黑暗中使用者手指伸到枪管前方而受伤。此外MP5K的机匣后端也被切短，为了小型化，MP5K取消了枪托。

● 一举成名

1977年10月13日，联邦德国汉莎航空公司一架波音737客机在飞往德国途中被4名恐怖分子劫持，机上共有87名乘客。被劫航班最后迫降在索马里首都摩加迪沙，其间，恐怖分子枪杀了一名人质。德国急调30名GSG9队员赶往摩加迪沙。GSG9被称为"一个不吝惜使用最优良装备的部队"，更有"静如处子、动如脱兔、快如捷豹"的美称，其队员每人都配备了MP5冲锋枪。在英国空降特勤队和索马里部队的配合下，GSG9队员开始秘密接近被劫飞机，迅速冲进机舱，就在劫机犯还在揉眼睛时，GSG9队员手中MP5的子弹就让3名劫机犯脑袋开了花，另1名劫机犯则在重伤后被擒。整个行动前后只用了5分钟。波音737客舱狭小，目标混杂在人质和坐椅中间。这种环境对枪械的尺寸和精度要求非常严格。GSG9配备的MP5冲锋枪枪长仅660毫米、重2.45千克，能够较好地满足狭小空间作战的要求。这次行动使得MP5的精确性能和威力得到了有力证明，该枪也在一夜之间名声大噪。此后，世界各国的特种部队都对此枪大为青睐，纷纷选用该枪作为反恐专用枪支。

影视界老牌影星
——乌兹冲锋枪

乌兹冲锋枪和其他枪支一样，是以它的发明人——以色列军人里约特纳特·乌兹·盖尔命名的。它的外形小巧，枪身比其他冲锋枪都短，方便士兵携带，尤其是执行特殊任务的精锐部队，甚至是保镖，都可以把乌兹冲锋枪藏在外衣下面。在枪的两侧有加强筋，不仅可以加固枪身，还可以把风沙排进沟槽里，不影响冲锋枪的射击。

● 追溯历史

1948年，以色列军队刚刚组建的时候，使用的武器七拼八凑，这些武器有德国、意大利和奥地利等地生产的各式枪支，简直就是大杂烩。当时，以色列工业基础薄弱，加之沙漠作战环境对枪支要求较高，研制一支新的冲锋枪对乌齐尔·盖尔而言并不是一件容易的事。但以色列军方还是对新式冲锋枪提出了较高的要求是：制造简单、坚固耐用、轻便短小、火力强大、防沙性高。乌兹·盖尔通过努力地研究手头上的每一把冲锋枪，仔细地比较各自的优、缺点后，最后终于研制出了第一把乌兹冲锋枪。

● 备受关注

乌兹冲锋枪一出现，就被列入了杰作的行列，对其他型号的冲锋枪都造成了不小的冲击。各国的订单纷纷而至，如此受青睐的原因有三个：一是它短小的外形。相比之下，乌兹冲锋枪枪身比其他的冲锋枪更短。二是它的可靠性能，放进水里，埋在沙下，甚至扔下悬崖，它依然完好无损。三是具有良好的平衡性，无论是举在肩膀前射击还是抵在腰部射击，它都非常舒适。20世纪80年代，整体尺寸缩小了的小型乌兹冲锋枪风靡一时，跟着还制造出更小的微型乌兹冲锋枪。随之而来的缺陷是射速大增，不足一秒的扳机时间就可以把20发子弹倾倒完毕，枪身变得极难控制。为了降低射速，设计者最终不得不把螺栓加重。乌兹冲锋枪后来出现了轻型冲锋枪、微型冲锋枪，还有乌兹手枪。在有些地方甚至还将半自动和卡宾枪型的乌兹扩展成很多口径。乌兹·盖尔一生都在对乌兹冲锋枪进行改进和设计，所以这个世界上最著名、最古老的武器家族一直延续到今天。

● 影视明星

在枪战片中，人们经常会看见无数单手持握乌兹冲锋枪疯狂扫射的场面。比如在《007之死期未到》中，詹姆斯·邦德一边争夺气垫船，一边单手用"乌兹"扫射朝鲜士兵；在《黑客帝国》里，不但有尼奥手持两把超迷你型"乌兹"向前冲锋的场面，还有崔妮蒂一边坠楼一边用双乌兹开枪的精彩场面。由于"乌兹"独特的外形，它也经常被喜剧片看中，像亚当·桑德勒、斯蒂文·布谢米和布兰登·弗雷泽主演的喜剧片《摇滚总动员》中，三位主角就用一把玩具"乌兹"枪占领了一个地方广播电台……"乌兹"冲锋枪一经问世就备受欢迎，现已成为影视界的老牌明星。乌兹冲锋枪不仅在镜头面前抢主角风头，在现实战斗中，它也当仁不让。

● 永载史册

乌兹冲锋枪经过的战役很多，在很长一段时间内以色列新入伍的士兵都要肩背乌兹冲锋枪到哭墙前宣誓，乌兹冲锋枪几乎成了以色列复国精神的象征。在赎罪日战争中，以色列雷达站的士兵用乌兹冲锋枪打退了阿军夜间一次次的袭击，成功保卫了雷达站，为以军的胜利奠定了基础。1976年的一次反劫机行动不但让以色列"哈贝雷"特种部队成了世人瞩目的焦点，更让乌兹冲锋枪出尽了风头。"乌兹"在26个国家服役过，由7家大枪械制造商生产，是冲锋枪历史上名副其实的老大。虽然装备先进的新式步枪已经替代了乌兹冲锋枪的位置，很多特种部队还一直使用这张王牌。

近战霸王
——霰弹枪

霰弹枪是一种在近距离上以发射霰弹为主来杀伤有生目标的单人滑膛武器。军用霰弹枪又称战斗霰弹枪，亦称散弹枪。霰弹枪作为军用武器已经有相当长的历史，自热兵器问世，它就开始装备军队。在两次世界大战中，霰弹枪都曾发挥过较好的作用。在侵越战争中，美军和南越部队使用了约10万支"雷明顿870"泵动霰弹枪。实战表明，霰弹枪在特种战斗中是其他武器无法代替的。霰弹枪一般用于近距离作战或突发战斗，发射催泪、染色弹的霰弹枪可以用来驱散聚众闹事的人群，抓捕犯罪分子。

● 战术使命

军用霰弹枪特别适合特种部队、守备部队、巡逻部队、反恐怖部队。在近距离战斗中，由于霰弹枪的射程在100米左右，减少了因跳弹或贯穿前一目标后伤及后面目标的概率。所以霰弹枪特别适用于丛林战、山区战、城市战及保护机场、海港等重要基地和特殊设施；在突发战斗中，由于霰弹枪具有在近距离上火力猛、反应迅速快以及面杀伤的能力，故能在夜战、遭遇战及伏击、反伏击等战斗中大显身手。

● 结构特点

现代军用霰弹枪外形和内部结构都非常类似于突击步枪，全枪由滑膛枪管、自动机、击发机、弹仓、瞄准装置以及枪托、握把等组成。装填方式多属于半自动霰弹枪和自动霰弹枪，供弹方式有泵动弹仓式、转轮式、弹匣式三种。军用霰弹枪主要发射集束的球形弹丸（霰弹弹丸）。枪管内膛由弹膛、滑膛及喉缩三段组成。弹膛为容纳霰弹的区段，滑膛为霰弹弹丸加速运动区段，在离膛口约60毫米区段，沿枪口方向适当缩小直径的部位称喉缩。弹丸在此受集束作用飞出枪口，以增加射击密集度和射程。霰弹枪滑膛部分的直径称口径。按照国际通用标准，口径以编号来表示，如目前最流行的12号霰弹枪膛径为18.5毫米。为了满足机动灵活性的要求，军用霰弹枪枪长一般不应超过1.1米，全枪重量应小于4.5千克，有效射程为60米~150米。

● 发展多用途战斗霰弹枪

随着霰弹枪在未来战场上使用范围不断扩大，单一用途的霰弹枪将满足不了作战使用的要求。因此，大力发展多用途战斗霰弹枪，是各国在霰弹枪领域中研制、开发的一个重点。发展多用途战斗霰弹枪的技术途径主要有两种：一种是使武器的弹膛能适应发射多种弹药的要求，使弹药形成系列，以适应各种用途，如美国的近战突击武器系统CAWS。另一种是通过更换枪管、拆卸枪托及小握把等，实现发射不同口径的弹药及全枪外形结构的改变。多用途战斗霰弹枪可以成为军用、警用、防暴、反恐怖的通用武器。

步兵手中的火炮
——榴弹枪

榴弹枪即榴弹发射器，是一种以枪炮原理发射小型榴弹的武器。外形和结构酷似步枪或机枪，故人们也常称之为"榴弹枪"或"榴弹机枪"，有些榴弹发射器与迫击炮相似，也称为掷弹筒。因其体积小、火力猛，有较强的杀伤威力和一定的破甲能力，主要用于毁伤开阔地带和掩蔽工事内的有生目标及轻装甲目标，为步兵提供火力支援。由于榴弹发射器在现代战场上的独特作用，不仅使用广泛，而且在与其他轻武器的竞争中将不断地完善和发展，成为未来战争中重要的作战武器之一。

● 性能特点

榴弹发射器按使用方式，可分为单兵榴弹发射器、多兵榴弹发射器和车（机）载榴弹发射器；按发射方式，榴弹发射器分为单发、半自动和自动发射三种；按操持方式，榴弹发射器分为单人肩射和多人架射两种。在现代战争中，榴弹发射器的使用可提高步兵分队的独立作战能力，增加步兵杀伤火力密度，赋予步兵多种目标作战的手段，同时也为其他兵种提供了新型自备武器。

★单发榴弹发射器只能单发装填（手工装填或弹仓供弹）和单发射击，具有结构简单、体积小、质量小的特点。但因抵肩射击受后坐能量的限制，最大射程400米左右。

★半自动榴弹发射器能自动装填，但只能实施单发射击，质量在6千克左右，战斗射速可达25发/分钟。它既保持了单兵携行使用的灵活性，又增大了火力密度与火力持续性，最大射程400米～600米。

★自动榴弹发射器，也称为榴弹机枪或连发榴弹发射器，它能自动装填并实施连发射击。其突出特点是射速高、火力密度大，多采取机载、舰载、车载使用或步兵战斗小组多人使用，最大射程1500米～2000米。

● 充电时刻

20世纪50年代，为了提高步兵的独立作战能力，填补手榴弹与迫击炮之间的火力空白，美国首先全面开展了对小型榴弹及其发射装置的研制工作。1953年，马修森工具公司生产的、外形很像史蒂文斯12号撅把式猎枪的单发发射器被军方选中，并于次年命名为M79式40毫米榴弹发射器。目前，榴弹发射器的发展方兴未艾，其基本趋势是：减轻系统重量，提高机动能力，改进总体布局，适应未来要求，并进一步提高威力、减轻弹重、精简配套。

● GP-25枪挂式小型火炮

20世纪60年代中后期，由美国的M203枪挂式榴弹发射器成功研制并装备部队，枪挂式榴弹发射器既可以为步兵提供近距离火力支援，杀伤点面有生目标，又不影响枪械的正常射击。20世纪70年代末，定型出GP-25，1981年开始装备部队，并于1984年首次在阿富汗战场露面。目前GP-25仍然是俄军的步兵班配备的武器，并于车臣大量使用。在俄军的俚语中，GP-25被称为"小型火炮"。GP-25可以加装到俄罗斯各种现役或新研制的步枪和冲锋枪上，包括AK-47、AKM、AK-74以及新的尼柯诺夫AN94。GP-25既可平射也可以曲射，用于摧毁50米～400米射程内的暴露的单个或群体目标，或隐藏在障碍物后、掩体后、散兵坑内或小山丘背面的目标。

● 产量最大的自动榴弹发射器

MGL 40毫米榴弹发射器是目前世界上产量最大的自动榴弹发射器携带武器，由南非阿姆斯科公司在1981年研制，在1983年投产，在南非国防军服役超过20年。MGL至今已经被超过30个国家所采用，并参与过从丛林到沙漠等不同恶劣环境下的实战。与其他40毫米榴弹发射器相比，MGL容弹量为6发，能在3秒内打完6发弹，因此在伏击或快速通过城市的战斗中相当有用。MGL系列有多种改进型，其中新型的MGL-140由于在《变形金刚》电影版中作为人类对付外星生命体的大杀伤型武器而备受瞩目。

烫手的山芋
——手榴弹

手榴弹顾名思义，就是用手投掷的弹药，适于近战的小型炸药。具有体积小、重量轻、威力大、使用方便的特点。因17世纪、18世纪欧洲的榴弹外形和碎片外形似石榴和石榴子，故得此名。其用途可以是杀伤、燃烧、发烟、照明、毒气、反坦克等。

● 风雨历程

手榴弹是现代步兵必要装备之一。第一次世界大战西部前线，是历史上最长的围攻战线，在西线的"Z"形堑壕近距离作战中，手榴弹有时会成为唯一可以发挥作用的武器。中国抗日战争时期，由于子弹极为缺乏，一些部队主要依靠集束手榴弹产生的巨大杀伤力破坏敌人的防御，掩护部队冲锋。那时流传着"大盖枪、手榴弹，打得鬼子人仰马翻"的歌谣。二战中，手榴弹又有了新的发展，出现了"万向碰炸"机构，投掷出去后碰到物体，就会爆炸，减少了哑弹概率。

● 木柄手榴弹

中国和德国都是喜欢使用木柄手榴弹的国家，因为带柄的手榴弹能够投得更远，准确性比菠萝形的手榴弹更高，在斜坡上也不容易滚落。德国制造的M24长柄手榴弹是德军步兵的标准配置，战斗中德国士兵通常将其插入皮带上或插入长筒军靴中，而我军在20世纪60年代研制的67式手榴弹较德国的手榴弹木柄短。

● 反坦克手榴弹

现代战争中手榴弹具有重要作用，除了杀伤手榴弹、发烟、燃烧、照明、催泪等手榴弹外，还有一种反坦克手榴弹，又称反坦克手雷，多用空心装弹，通常配有手柄，弹尾有尾翅或稳定伞，以保证命中率。反坦克手榴弹有特殊的办法能吸在坦克上，一种是磁性吸引，抛掷的手榴弹通过磁铁牢牢地吸在坦克装甲车上，爆炸后通过破甲射击穿甲板。另一种是通过弹内释放的热能将弹上黏性树脂熔化，而将手榴弹牢牢地粘在坦克甲板上，它的爆炸力能穿透100毫米的甲板。

● 手榴弹的真面目

所有手榴弹都包括三个基本组成部分：弹体、装药和引信。弹体用于填装炸药，有些手榴弹的弹体还可生成破片。弹体可由金属、玻璃、塑料或其他适当材料制成。弹体材料的选择对手榴弹的杀伤力和有效杀伤距离具有直接影响。铝或塑料弹体产生的碎片及破片要比钢制弹体小得多，而且也轻得多，因此动能的消失速度也就快得多。但从另一方面讲，铝或塑料破片在近距离上就可致人重伤，而且对伤员动手术也困难得多。装药的类型决定着手榴弹的用途。手榴弹的装药可以是梯恩梯炸药，也可以是其他种类的炸药，还可以是催泪瓦斯、铝热剂（燃烧剂、白磷等）等化学战剂。

暗处的杀手
——地雷

地雷是一种埋入地表下或布设于地面的爆炸性火药。地雷主要用于构成地雷场，以阻止敌人的行动，杀伤敌人有生力量和破坏、炸毁敌方的装甲车，破坏道路等。在第二次世界大战中，前苏联军民共使用了2.22亿个地雷，给入侵的德军造成了10万多兵力和约1万辆坦克等装甲车辆的损失。在越南战争中，1970年美军被地雷炸毁的车辆就占被毁车辆总数的70%，而死于地雷的兵员则占其伤亡总数的33%。地雷除具有直接的杀伤、破坏作用外，还具有对敌阻滞、牵制、诱逼、扰乱和精神威慑等作用。

● 布雷

利用地雷杀伤敌人，最重要的环节是布雷，就是把地雷设在地雷场中。小范围的布雷可以采用人工布雷或用布雷器布雷；大范围的布雷现在采用火箭、火炮或飞机。布雷最常见的做法是由专门布雷人员用手掩埋，这样掩埋的地雷很难被发现。在中国抗日战争时期，广大抗日军民积极主动地运用地雷战和日伪军作斗争，创造了多种机动灵活的地雷战法，使敌人受到巨大打击。

● 地雷的组成

地雷由外壳、炸药、引信、传动或者传感装置组成。将地雷布放在地面或者地下，然后伪装好，当目标出现在地雷场时，就可操纵地雷爆炸，或者由目标自己碰撞地雷引信，引起爆炸。有的地雷没有雷壳，有的地雷还装有保证布雷安全的保险装置，使敌方难以取出，即使取出地雷也设有反拆装置及定时自毁装置等。

● 反步兵地雷

反步兵地雷又称杀伤地雷，是一种埋设于地下或布设于地面，通过目标作用或人为操纵起爆的一种对付软目标的爆炸性武器。反步兵地雷专门用来杀伤人员、马匹等有生力量，其杀伤作用主要是靠冲击波和破片来完成。

● 反坦克地雷

反坦克地雷是一种廉价高效的反坦克武器，按破坏坦克的部分可分为反履带地雷、反车底地雷、反侧甲地雷和反顶甲地雷。反履带地雷、反车底地雷只有当有物体通过地雷上方时才能起爆。

● 火箭布雷系统

在第二次世界大战中，德军和意军在非洲战场使用飞机撒布防步兵地雷。20世纪60年代，一些国家着手研制用飞机、火炮和火箭撒布反坦克地雷。1970年德国研制成功火箭布雷系统，使用"拉尔斯"轻型车载式36管火翻腾炮，一次可发射36枚110毫米火箭布雷弹，每枚弹内装有8个AT-1型炸履带反坦克地雷。一门火箭炮在8秒内可散布288个AT-1型。一个门制火箭炮连，一次齐射即可构成宽2300米，纵深为300米，面积为6900平方米的雷场。继联邦德国之后，苏、美、中、法等国也相继研制成功了这种火箭布雷系统。

恐怖分子的新"克星"
——弩

弩也被称做"窝弓"、"十字弓"，它是一种装有臂的弓，主要由弩臂、弩弓、弓弦和弩机等部分组成。虽然弩的装填时间比弓长很多，但是它比弓的射程更远，杀伤力更强，命中率更高。弩是一种致命的武器，之所以被普遍使用，是因为不需要太多的训练就可以操作，即使是新兵也能够很快地成为用弩高手，而且命中率极高。一般人可能会觉得，它的功能不及现代枪械，而且十分笨重。但是，在一些特殊环境下，它却有着现代枪械无法媲美的优越性。

● 现状追踪

现代弩的命中率已远非昔日可比，它装有控制装置，可以延时发射，无需在张弦的同时瞄准，更有利于捕捉射击时机。弩具有很强的穿透力和准确性，不但使用轻便而且适合不同气候。弓弩在现代军队中一样需要，特别是侦察部队执行暗杀任务时经常使用。随着人类文明的进步，弩正逐渐演变成为一种新型的休闲娱乐项目，它不仅成为狩猎、娱乐和射击运动使用的器械，更深受广大狩猎爱好者和射击运动员的青睐，有的国家还将它选为特种警察的特殊装备。弩在现代仍然具有新的广泛的应用前景。

● 警用弓弩

警用弓弩，配备瞄准镜，有效射程为50米，具有很强的杀伤力，它射出的弹头击中目标后会散开，不能再拔出来，因此一般不会轻易使用，只有在遇到重大的暴力犯罪，枪械又无法使用时，才让它出场。警用弓弩具有无光、无声等隐蔽优势，可以出其不意地给恐怖分子致命一击，却不会引起煤气、油罐等易燃易爆物品的爆炸，提高了安全性能。例如，在易燃易爆处的加油站、弥漫着煤气的房间，如果发生暴力犯罪，枪械又无法使用时，就可以动用警用弓弩。在有些时候，特别是出现多名犯罪分子在一起的情况时，开枪很难同时将其集体制服，还可能误伤周围无辜群众，而使用弩这样的冷兵器，则可以突然间将犯罪分子打个措手不及，堪称是恐怖分子的新"克星"。

● 手枪式弩

　　手枪式弩在技术上最大的特点是将发射6毫米口径钢珠弹丸的机构与弩整合在一起，而且比较轻巧，外形与尺寸都接近于手枪，所以称之为手枪式弩。手枪式弩外形精致，与枪托一体浇铸成型的握把轻巧平滑，握持舒适。握住弩机牵引导杆的钢制手柄可以轻松地拉开弩。弩机张开后的握把与牵引导杆手柄之间的尺寸在小于两手间距的范围内，因而整个张弩的动作相当舒适。弩弦将箭矢弹射出之后，弩处于保险状态。再次装箭时要从弩的后面向前装填，这样不仅装填速度较快，更重要的是可避免危险的发生，因为如果从前面装填时会有一只手位于武器的前面，此时如不慎击发就有可能会误伤自己的手。

火 炮

战争中的重火力
——野战火炮

榴弹炮、加农炮、加榴炮统称野战火炮或身管火炮，是炮兵装备的主要压制火炮，也是地面战争中陆军实施进攻或防御的火力支柱。榴弹炮和加农炮由于数量极大、性能灵活可靠、经济有效，在历次参加的战争中发挥了重要作用，因而获得了"战争之王"和"战争之神"的佳誉。

● **短脖子的战争之王——榴弹炮**

榴弹炮是一种身管较短、射身较大的火炮，其身管一般为24~45倍口径，射角一般达70°。榴弹炮重量较轻，机动性好，可发射不同类型的炮弹，攻击各种不同的目标。榴弹炮的主要炮弹是杀伤弹、爆破弹，可配用穿甲弹、碎甲弹和特种弹，还可发射火箭增程弹、底部排气弹以提高射程，发射制导炮弹以提高命中概率。同时，榴弹炮还可灵活地改变弹道，攻击隐蔽物后的目标。随着战场纵深扩大，装甲目标的增多，榴弹炮的射程和弹药的威力也将大大提高，反坦克的能力也将不断加强。

● **长脖子的战争之神——加农炮**

加农炮是各种火炮中射程最远的一种火炮，其特点是：身管特别长，一般为40~80倍口径；射角较小，一般在40°，炮弹初速大，可达700米/秒以上；主要用于射击垂直目标、装甲目标和远距离目标。加农炮可发射杀伤弹、爆破弹、穿甲弹、混凝土破坏弹和火箭增程弹等。第二次世界大战中，各国曾使用从20毫米～210毫米口径的各式加农炮。随着军事技术的发展，近年来大口径加农炮已逐渐被战术导弹和火箭取代，有的则被性能先进的榴弹炮取代。

● "王"与"神"合二为一——加榴炮

加榴炮是一种兼有加农炮和榴弹炮弹特征的火炮。用大号装药盒小射角射击时，弹道低伸，接近加农炮性能；用小号装药盒大射角射击时，弹道较弯曲，接近榴弹炮性能。加榴炮主要用于射击远距离目标和破坏坚固的防御设施。20世纪60年代以来，许多国家新发展的榴弹炮都扩大了口径，有的甚至扩大了52倍，以提高火炮的初射，增大射程和射击范围，使榴弹炮兼具有加农炮的性能。

● 口径制式

目前世界各国装备的榴弹炮、加农炮、加榴炮大约有几十种型号，主要有105毫米、122毫米、130毫米、152毫米、155毫米和203毫米6种口径。105毫米火炮从第二次世界大战后到20世纪60年代初曾是西方国家陆军师一级的主炮，后来逐渐被155毫米火炮取代，只有一些轻型部队和特种部队继续使用；122毫米和155毫米口径是目前各国师级的装备，数量也是目前最多的；203毫米口径火炮由于价格昂贵、作用有限，只被少数国家装备。

开路进攻的战神
——M109系列榴弹炮

M109型自行榴弹炮由美国联合防务公司研制，它不仅是现代机械化炮兵的先驱，也是二战后生产数量最多、装备数量最多、装备国家最多、服役时间最长的自行火炮，至今已发展了从A1到A6等多种型号。该炮自服役以来，已参加过越南战争、中东战争、两伊战争和两次海湾战争，是几十年来美军的主要陆地火力支援武器和北约组织炮兵部队的标准化装备。

● 宽敞的战斗室

M109内径为2.51米、宽3.15米的大炮塔，炮塔最高处离地3.048米，内有5名乘员（车长、炮长、3名装填手）。炮塔两侧各有1扇供乘员出入和补充弹药的向后打开的长方形舱门，炮塔后部设有专用于补充弹药的向两侧开启的双扇大舱门。由于动力前置且大尺寸炮塔靠后，战斗室的空间十分宽敞，用美国大兵的话说"可以在车内打手球"。这种底盘成本比采用坦克底盘成本高，但是完全克服了坦克底盘空间相对不足、不方便炮班人员操炮和弹药储存空间不足的缺点。M109在长时间射击时可以利用尾门从外部供弹，大大提高了持续作战能力，而且发射后的药筒可以经尾门直接抛出车外，改善了战斗室环境。

● 新锐一代"帕拉丁"

M109A6式"帕拉丁"自行火炮是M109式的最新改进型，是美军野战炮兵的第一主角。全重增加到28.7吨，采用半自动装弹系统，成员人数减少到了4人。换装的M248火炮，对身管和发射药进行了改进，榴弹射程增加到23.5千米；新型带"凯夫拉"装甲的焊接炮塔；炮塔尾舱，可以储藏更多发射药；基于电子计算机的新型自动火控系统，和其他战斗车辆实现了战场信息资源共享，可以在60秒之内完成从接受射击命令到开火的一系列动作。还增加了新的隔舱化系统；新型自动灭火抑爆系统；特种附加装甲等。它将与M777轻型155毫米榴弹炮、M270A1式多管火箭炮和"海马斯"高机动性火箭炮系统一起构成美军主力野战炮兵系统。美军将推出的M109A6式改进型命名为"帕拉丁"，看来是对它寄予了很大希望。

● 炮坛不败的战将

采用52倍口径身管和厚重装甲带来的缺点也十分突出，那就是重量过大、价格昂贵。重量过大就不利于战略机动，这是强调全球快速部署的美军不能接受的。M109A6射程不是最远、射速不是最快、装甲防护能力不是最强、机动性也不是最高，但是M109A6确是最能满足美军需要的。M109A6的其他缺点对于美军来说不是不可克服的：射程近，有陆军战术导弹系统进行补充，还有强大的空中打击力量。从M109的发展历程可以看出，M109A6型号的改造重点是利用传统技术循序渐进的对硬件进行提高和完善，从M109A6开始则注重利用高新技术，特别是信息化技术对火炮进行改造，并大力发展精确制导弹药。

欧洲火炮"奇葩"
——PZH2000自行榴弹炮

德国自英、德、意三国联合发展SP70式155毫米自行榴弹炮项目后，于1996年开始正式采用第一批国产155毫米自行火炮。这种自行火炮被称为自行装甲榴弹炮PZH2000，它的155毫米炮弹、自动装填结构、高级射击控制装置成为火炮界最新的潮流。

● 特别关注

PZH2000自行榴弹炮系统，药室容积23升，由于药室容量较大，膛线部较长，加上采用大装药系统，因此火炮初速较高。药榴弹炮采用全自动的炮弹装载系统和弹药管理系统。8米长的镀铬炮管上配有开槽口的制退器，可增加初速度和减少炮口焰。PZH2000的火控系统也是顶尖水平的，包括综合惯性导航系统、弹道计算机、观察瞄准系统、热像仪、激光测距仪等。

● 世界上"三最"

PZH2000是世界上最先装备的52倍口径155毫米自行榴弹炮，也是目前最重、最先进的自行榴弹炮。多达60发弹丸、288个模块式发射药的携弹量以及多种防护措施是造成其55吨体重的主要原因。车体和炮塔均为全钢焊接结构（M109为铝合金），乘员和弹药都有装甲防护。先进的火控系统和全自动化操作保证了它的快速反应能力和火力性能。它具有每10秒3发的爆发射速和8发/分～10发/分的持续射速，这可以使它在极短时间内发射足够的弹药，"掉头就跑"。其"行军—战斗"、"战斗—行军"转换时间均为30秒。

● 舰艇移植

随着海军强国的水面舰艇过多的承担远程精确对陆火力支援任务，火炮技术和弹药技术突飞猛进，发展大口径舰载火炮重新形成热点。2002年，德国在世界上率先将PZH2000,155毫米榴弹炮转塔安装在F124"汉堡号"护卫舰的甲板上，当做海军应用系统可行性的示范。作为一个独立性很强的模块，它可以比较容易地整合到舰艇系统中。为解决火炮在发射时产生的巨大的后坐力对舰艇结构的影响，德国人设计了一种弹性基座，可以控制火炮发射时产生的后坐力。通过使用柔性支座，用传统的方法将炮塔安装到甲板上，火炮发射时对船体结构产生的残余加速度冲击有望被降低到可以接受的水平。

● 部署阿富汗

PZH2000式自行榴弹炮自从装备德军部队以来，一直没有参加实战的机会，直到阿富汗战争爆发。荷兰将从德国进口PZH2000式自行榴弹炮派往阿富汗战场，将部署在阿富汗南部乌鲁兹甘的3门PZH2000自行榴弹炮中的2门转移至坎大哈，以支援"美杜莎"行动中的加拿大和阿富汗军队，其中1门PZH2000自行榴弹炮于2006年9月4日攻击了塔利班目标。PZH2000自行榴弹炮使用美国空军C-17式"全球霸王"III运输机从德国拉姆斯泰因空军基地运至坎大哈。随后几周内交战持续进行，荷兰部队的PZH2000自行榴弹炮和加拿大155毫米牵引型榴弹炮联合作战。

小车架巨炮
——G6式加榴炮

南非G6式155毫米自行加榴炮，是由南非军械公司研制，主要用途是为野战集团军提供炮火支援。1979年正式开始研制工作，于1981年11月制造出第一门样炮。1988年初通过最终试验，并开始小批量生产。或许是没有考虑过要远距离部署，南非的G6式155毫米自行榴弹炮便没有刻意"减肥"，因此它自出生起便坐上一把"世界之最"的交椅——世界最重的轮式自行火炮，成为火炮界的一颗耀眼明星。

● 祖辈历史

G5式155毫米加榴炮于1980年前后装备南非国防军，1981年南非在安哥拉首次使用。20世纪90年代，南非实行种族歧视政策而受到国际社会的孤立，因此采购不到大型的武器设备。而当时受古巴支持的安哥拉解放者同盟在长年作战中迫切需要一种大威力远射程野战火炮，以解决作战中火炮性能差，尤其是射程近等问题。G5曾经掀起过155毫米加农炮的"45倍径革命"，并装有一套精密的激光陀螺稳定系统，这使该炮可以直接上船实施远程火力支援，并能够取得令人满意的精度。但是美中不足的是，作为牵引式火炮，该炮虽然装有辅助推进装置，在战场上行驶仍然比较麻烦，跟不上机械化作战部队的要求。

● 技术革新

G6 在 G5 牵引式 155 毫米加榴炮的基础上改进而成。它使用了高强度钢制成的单筒自紧身管，膛线较深，可减少炮膛的磨损。它配置先进的 AS80 型计算机火控系统，各种作战数据可迅速传输到各作战人员的显示器上，提高了工作效率。它装有三合一直接瞄准镜和昼夜瞄准系统，因而具有昼夜作战能力。

G6 式采用 6×6 轮式装甲车底盘，是对自行火炮履式设计模式的大胆突破。它完全适应南部非洲作战地形。它的推进系统设计别具特色，尤其是行走系统采用了低压、大直径和高承载力的防弹轮胎，配有轮胎气压中央调节系统，它以 6 个车轮扛着重 47 吨的榴弹炮车轻松地奔跑在沙漠荒野上，震动了国际火炮市场，不仅让那些用 8 个轮子肩负 20 多吨重榴弹炮车的世界一流轮式火炮转瞬间失去了光彩，也让曾威风八面的著名履带式自行火炮一时失语，当今世界上超过 40 吨重的自行火炮绝大多数是履带式。如意大利"帕尔玛利"重 46 吨，德国 PZH2000 重 55 吨。G6 式空重 42.5 吨，也超过了英国履带式自行火炮 AS90 式 42 吨的重量。采用轮式底盘的世界名炮"达纳"自行榴弹炮重 23 吨，口径小于 G6 式，仅 152 毫米，却用 8×8 底盘。而 G6 式用 6×6 底盘装大口径炮，是名副其实的"小车架巨炮"。G6 式还是较早注意车底装甲防护的自行火炮，它装置双层底装甲，能抵御 3 枚反坦克地雷的爆炸力，较大形体的炮塔为战斗人员提供了较宽敞的战斗空间，车上安装的大型空调系统改善了战斗人员的工作和战斗条件。G6 式是整体性能优良的自行火炮，但它仍在改进，有望具有理想的行进间射击能力。

● 不断进取

G6 自公开亮相后就获得国际火炮专家一致肯定，但生产商南非迪奈尔公司仍坚持对其不断改进，又于近年推出了改进型 G6–52L 式 155 毫米自行榴弹炮，让世人再一次称奇。它采用 52 倍口径身管和新型炮弹即 V–LAP（增速远程弹）。V–LAP 弹利用底部排气和火箭发动机助推实现增程，在海拔 1000 米的阿尔坎特潘试验靶场所进行的一次射击试验中，

G6-52L炮弹初速为1.03千米/秒，最大射程达到75千米，射程概率误差为0.38%，G6-52L创下现今自行火炮射程最远的纪录。南非陆军一名上校为此骄傲地对北约专家说："南非的火炮弹药毋庸置疑是世界上最好的。"

炮中王者
——火箭炮

火箭炮是炮兵装备的火箭发射装置，是借助炮弹自身携带的火箭发动机推动炮弹前进的一种火炮，发射管赋予火箭弹射向，火箭弹靠自身的火箭发动机动力飞抵目标区。由于通常为多发联装，不需要承受发射时产生的强大火药气体压力，又称为多管火箭炮，在短时间内发射大量火箭弹，适合对远距离大面积目标实施密集射击，具有很强的威力和火力突击性。目前，大部分火箭炮都采用自行方式。

● 追溯历史

火箭是中国一大发明，最早的多枚火箭连发装置和齐射装置也是中国发明的。中国明朝人茅元仪于1621年完成了《武备志》，书中记载的火箭及其发射装置有几十种之多，其中有一次可发射32支和40支火箭的"一窝蜂"和"群豹横奔箭"，有"百虎齐奔箭"和可连续两次齐射的"群鹰逐兔箭"，这些都可看作是现代火箭的原始雏形。

● 口径与弹药

火箭炮按口径大小不同可分为大口径、中口径和小口径。为提高火箭炮的威力，火箭炮的口径也逐渐增大，火箭弹也越来越重。现代火箭口径大都在107毫米~300毫米之间，火箭弹的重量一般在300千克~800千克之间。

● 战术特点

火箭炮可以在短时间内构成强大的火力密度，发射速度快，而且射弹散布大，因而多用于对远距离大面积目标实施密集射击。这是因为火箭炮都是多管连装，管数可为数管、十几管乃至几十管。一次射击最快需要6秒，最长只需要1分钟，就能把火箭弹全部发射出去，构成密集和突袭火力，给敌人以巨大的杀伤和打击。在作战中，要充分考虑任务、敌情、地形、时间等因素和火箭炮自身的特点，才能使它的威力得以充分发挥。火箭炮主要担负远距离和纵深作战任务，用于压制有生力量、技术兵器、集群坦克、装甲车辆和待击地段的直升机群。

● 发展趋势

未来，火箭炮将配备性能更好的计算机系统，安装高精度的定向定位系统、卫星定位接收系统和气象雷达系统。在高技术条件下的战争中，将火箭炮发射技术与制导技术融合，以攻击高价值目标，使火箭炮真正具有"停下就打，打了就跑"的能力。俄罗斯提出发展新一代"智能化"的武器系统是：一个火箭炮系统分为4个子系统，即信息系统、瞄准系统、控制系统和火力系统，实现侦察和火力综合化。

呼啸的雷神
——M270式多管火箭炮

M270火箭炮是美国1983年开始装备部队的一种先进的履带式自行火箭炮。这款由美国设计，有北约多个国家参与开发的多管火箭炮系统集中了大量的技术优势，其研制出身之高贵、本身设备和配属装备之先进，足以使它成为武器家族的宠儿，被西方认为是最好的火力支援系统。主要用于压制和歼灭有生力量和技术兵器、集群坦克和装甲车辆、炮兵连和指挥所等重要目标。

● "高贵"的出身

M270系统是1976年由美国、德国和英国开始研制，其间法国和意大利先后于1979年及1982年参与了研制工作。1979年，参加研制的各国达成协议，其中M270系统由北约成员国共同开发，同时将该武器系统正式定名为"全班支援多管火箭炮系统"。该型火箭炮是在前苏联地面支援武器系统迅速发展并逐渐占据技术优势之后，研制的一款地面支援火力打击系统。最初是由美国陆军导弹与火箭研究局承担主要开发任务，后来逐渐有北约成员国其他国家加入进来。经过前后近七年的开发和测试，M270系统在1983年正式装备美国陆军和北约国家的陆军。

● 技术档案

M270火箭炮由履带发射车、发射箱和火控系统三大部分组成。发射车由M3步兵战车改装而成。防护能力和机动性较好。发射箱内装有两个各有6发火箭弹的储存器，不用日常维护即可保存10年之久。遥控发射装置可以使炮手在远离火炮的位置上发射。M270火箭炮战斗全重25191千克，发射双用途子母弹时最大射程为32千米，射速12发/分。

● 实用的"昂贵装饰"

M270系统采用了全新的火控和配属管制系统，其火控系统主要由火控装置、遥控发射装置、稳定基准装置、电子装置和火控面板五大部分组成。其配属管制系统由先进的硬件系统和高效率的"软件系统"组成，M270系统采用了BCS班用计算机系统，这样，营级射击指挥中心就可通过多种手段将进攻命令和打击任务直接下达到班一级火力单位，同时由于网络指挥手段的便捷和快速，使得指挥反应时间大大缩短了。

● 战场上的雷神

M270系统最出色的战绩是在海湾战争中的表现，当时该系统作为"多国部队"中美英部队的主力作战火力支援系统出现在海湾前线。在各种新武器辈出的海湾战场上，M270系统依旧保持着自己"高贵"的品质，不断地配合前线部队打击溃退的伊拉克部队，并立下赫赫战功。其间，"多国部队"共有189门M270系统参加作战，总发射量达到19600枚。用伊拉克士兵的话说："我们并不害怕隐形战斗机，也不害怕巡航导弹，我们最害怕的就是美国人施放的'钢雨'。"而大部分的伊拉克装甲部队也是在M270系统的打击下损毁的。

● 惊人的炮弹

M270主要使用的火箭弹为M26双用途子母火箭弹和AT2可撒布雷火箭弹。M26双用途子母火箭弹的最大特点是火箭弹的头部装有644枚M77型子弹，每枚子弹重量为230克，直径35毫米，破甲型M77子弹可击穿40毫米厚的钢装甲，爆破型M77子弹可大量杀伤敌方有生力量。一门火箭炮的一次齐射可施放出7728枚子弹，散布面积有6个足球场大小。据海湾战争的战后评估报告称，3辆M270自行火箭的一次齐射的威力相当于12个155毫米榴弹炮营（共288门炮）的威力。AT2可撒布雷火箭弹弹头直径236毫米，内装可撒布雷28枚，最大射程延伸到40千米。一枚可撒布雷的直径为103.5毫米，长165毫米，全重2.2千克，一次齐射可发射出336枚可撒布雷，布设400米×1000米的雷场。发射后可撒布雷靠飘带降落到地面上，支撑爪张开，使战斗部向上，主要攻击装甲车辆的底装甲或履带。

称雄低空的现代武器
——高射炮

高射炮是一种对飞机、直升机和其他飞行器等各种空中目标实施射击的火炮，专门用于保护地面部队和重要设施。高射炮身管特别长，炮弹初速大，弹道平直。为了与高速机动的空中目标作战，它需要有极高的射速，能在短时间内发射大量炮弹。现代高射炮大都配有光学瞄准镜、炮瞄雷达、射击指挥仪，并一同装到履带或轮式装甲车上，构成"三位一体"的自行高射炮系统。

● 追溯历史

1870年，普法战争爆发，同年9月，普鲁士派重兵包围了法国首都巴黎，切断了它同外界的一切联系。法国政府为了突破重围，决定派人乘气球飞出城区，同城外联系。10月初，内政部长甘必达乘坐载人气球，飞越普军防线，在都尔市进行宣传，很快组织了新的作战部队，并通过气球不断与巴黎政府保持联系。普军发现这一情况后，立即研究对策，决定首先击毁这些载人气球。普军总参谋长毛奇下令，研制专打气球的火炮，以切断巴黎与都尔之间的联系。不久，这种打气球的炮就制造出来了。它是由加农炮改装的，口径为37毫米，装在可以移动的四轮车上。为了追踪射击飘行的气球，由几个士兵操作火炮，改变炮位和射击方向，并由此得名"气球炮"，它就是高射炮的雏形。

● 高射炮的分类

高射炮按运动方式分为牵引式高射炮和自行式高射炮。按口径分为小口径、中口径和大口径高射炮。口径小于60毫米的为小口径高射炮，

60毫米～100毫米的为中口径高射炮，超过100毫米的为大口径高射炮。小口径高射炮有的弹丸配有触发引信，直接命中毁伤目标；有的配有近炸引信，靠弹丸破片毁伤目标。大、中口径高射炮的弹丸配有时间引信和近炸引信。

● 性能特点

现代高射炮通过采用新型弹药、增加发射药量和加长身管提高初速。现在小口径高射炮一般初速度都在1000米/秒以上，为适应不同作战要求，大多配有多种弹药，如瑞典博菲40毫米高射炮除配备普通流弹、穿甲弹外，还配有近炸引信预制破片榴弹。而且，现代高射炮除配有雷达外，还有新型光电和光学火控装置，某些牵引式高射炮在炮架上配有动力装置以提高战场机动作战能力。

战场轻骑兵
——迫击炮

迫击炮是一种身管较短，射角很大的火炮，射角可达45°～85°，炮弹飞行的弹道曲率很大，特别适合对遮蔽物背后和掩体内的目标实施射击。迫击炮自问世以来就一直是支援和伴随步兵作战的一种有效的压制兵器，其构造简单、造价低廉、使用方便，是步兵极为重要的常规兵器。如今，走过百年的迫击炮更像一个顽固的"老人"，冷眼看着各种高新技术兵器争妍斗奇，而自己却静静地占据着陆军装备的一席之地。

● 性能特点

迫击炮是对遮蔽目标实施曲射的一种火炮，通过改变装药量的方法改变射击区域，多作为步兵营以下单位的压制武器。现代迫击炮的重量轻，操作简单，适合于射击近距离的隐蔽目标，其最大本领是杀伤近距离或在山丘等障碍物后面的敌人，用来摧毁轻型工事或桥梁等。比如，迫击炮可以在楼房的一侧越过楼顶向另一侧射击，也可用于施放烟幕弹和照明弹。

● 迫击炮的分类

迫击炮按一般特性分为三类：口径在100毫米以上的迫击炮称为重

型迫击炮，全重94千克以上，最大射程5600米～8000米，装备营、团级；口径在60毫米～100毫米的迫击炮称为中型迫击炮，全重34千克～68千克，最大射程3000米～6000米，装备营、连级；口径在60毫米以下的迫击炮称为轻型迫击炮，全重不超过20千克，最大射程500米～2600米，装备连、排或班级。目前，世界上最大口径的迫击炮已经发展到了240毫米，最大射程已达到12.5千米，战斗全重达到6吨。

● 现代迫击炮的发展

现代作战，肩扛背驮的传统迫击炮不能适应战场节奏，为满足步兵快速机动作战要求及对迫击炮火力的需求，在步兵实现机械化的同时，迫击炮在逐步向自动化方向发展。自行迫击炮不仅包括迫击炮发射管，还配有完整的全套弹药系统（迫击炮弹、装药和引信系统）、操作平台以及先进的火控系统。自行迫击炮装备有自动探测、定向、定位导航系统、激光测距仪，能实施360°的圆周射击，具有高度的战场机动性。

长眼睛的"灰背隼"
——"默林"迫击炮

目前，末制导反装甲迫击炮弹的发展正如火如荼。英国航空航天公司动力分部利用毫米波跟踪导引头技术，研制了一种智能型末制导反装甲迫击炮弹。这种炮弹称为"默林"，在英国亚瑟王传说中默林是亚瑟王的顾问，还是一个魔术师和预言家，但多数人却翻译成了"灰背隼"。研制这种炮弹的目的，是帮助步兵有效地对抗坦克装甲车辆，其基本要求为：能防电子干扰；具有"发射后不用管"的能力；不需要改进供发射用的迫击炮管，也不用改变其编组。

● 突破传统

这是由英国BAE公司于2003年成功研制的武器。它打破了过去认为迫击炮是一种简陋武器的观念，全封闭双人炮塔和后膛装填方式改变了以往迫击炮的固有缺陷——乘员暴露在轻武器火力和炮弹破片威胁下；在松软土质上发射时，后坐力会使迫击炮陷入土中，延长了撤离阵地的时间。

● 快速、及时、准确

"默林"迫击炮，可以用几个词来形容表达：快速、及时、准确。该炮的车体是在LAV型8×8轮式装甲车底盘基础上改进而成的，为装甲钢全焊接结构。车上装有轮胎气压调节装置和三防通风设备，去掉了绞盘，取消了射击孔和侧门，在第二和第三轮之间新设了一个向下打开的应急舱口。采用独立扭杆式悬挂装置，液压减震，前4轮转向由液压助力操纵。车轮无内胎，被子弹和炮弹破片损坏后，仍可以20千米的时速行驶200千米或以40千米的时速行驶40千米。驾驶室位于车体前部。"默林"迫击炮完全是水陆两栖式，在水中由位于车体后下部的单螺旋桨推动。入水之前，驾驶员不用离开座位只要把车体前部的平衡板立起，即可舱底泵开始工作，水上时速可达10千米。

● 炮弹有"思维"

在众多的炮弹家族中，迫击炮独具特色，它弹道弯曲、射速快，是实施攻击顶装甲等目标的理想炮弹，可以从遮蔽物后发射或攻击远距离上的快速机动目标。"默林"智能迫击炮弹采用主动式毫米波雷达寻的器，当炮弹飞抵弹道最高点时，弹上毫米波雷达寻的器开始工作，寻的器能以宽波束对地面目标进行搜索，一旦识别目标，制导系统将锁定目标实施攻击。

坦克的死敌
——反坦克炮

反坦克炮是主要用于打击坦克和其他装甲目标的火炮，它的炮身长、初速大、直射距离远，发射速度快，穿甲效力强，大多属加农炮或无坐力炮类型。反坦克炮的弹道弧度很小，一般对目标进行直接瞄准和射击，也可用于破坏野战工事，压制和歼灭有生力量。

● 追溯历史

反坦克炮的发展历史，可以追溯到第一次世界大战，当时人们就开始设计制造专用反坦克炮。在第二次世界大战期间和20世纪50年代，反坦克炮有了长足的发展，火炮口径急剧增长，种类、型号繁多，装备数量庞大，并且出现自行反坦克炮，一度成为各国尤其是苏军反坦克作战的中坚力量。1916年，第一批坦克投入战场之后，在各国军队中引起极大的震动，它们纷纷研究自己的坦克和各种反坦克武器。在此后不久，法国就制造出了世界上第一种反坦克炮，命名为"乐天号"。

● 反坦克炮的分类

反坦克炮按其内膛结构划分，有线膛炮和滑膛炮两大类，滑膛炮发射尾翼稳定的脱壳穿甲弹和破甲弹；反坦克炮按运动方式划分，有自行式和牵引式，自行式除传统的采用履带式底盘以外。目前，研制中的大多用轮式底盘，以减轻重量，便于战略机动和装备轻型或快速反应部队。在牵引式反坦克炮中有的还配有辅助推进装置，便于进入阵地和撤出阵地。

● 性能特点

就火炮与弹药而言，反坦克炮和坦克炮差异不大，多数由同时期的坦克炮改装而成。近年来，各国也在专门研发高膛压低后坐力反坦克炮，以减低后坐力，便于安装在轻型装甲车辆上。比如，德国研制的120毫米超低后坐力滑膛反坦克炮，能发射"豹"2坦克配用的弹药，可安装在20吨重的装甲车上。

● AXM-10RC式反坦克炮

AXM-10RC式反坦克炮是法军研制的一种105毫米自行反坦克炮。该型反坦克炮的主要武器是一门安装在炮塔上的105毫米线膛炮，可发射尾翼稳定穿甲弹、破坏弹、榴弹。火控装置是以计算机为中心的综合装置，有激光测距仪等多种弹道修正传感器装置；车长和炮长分别有周视瞄准镜和望远镜，还各有一个微光电视监视、瞄准装置，用于夜战。AMX-10RC式反坦克炮战斗全重15800千克，最大时速85千米/小时，最大行程1000千米。

导　弹

百步穿杨
——导弹

导弹是依靠自身动力装置，由制导系统导引，控制其飞行路线并导向目标的武器。它的弹头可以是普通装药的、核装药的或化学、生物战剂的，其中装普通装药的称常规导弹，装核装药的称核导弹。按作战使命不同，分为战略、战役和战术导弹。按发射地点和攻击目标不同，又分为地地导弹、地空导弹、空地（舰）导弹、潜地导弹、舰舰导弹、空空导弹、岸舰导弹、反弹道导弹、反坦克导弹、反雷达导弹。按飞行方式不同分为：在大气层内以巡航状态飞行的巡航导弹；穿出稠密大气层按自由抛物体弹道飞行的弹道导弹。

● 导弹的结构

导弹通常由推进系统、制导系统、战斗部（弹头）、弹体结构系统等部分组成，有的导弹还装有安全系统、分离系统、点火系统等。

导弹推进系统，是为导弹飞行提供推力的整套装置，又称导弹动力装置，它主要由发动机和推进剂供应系统两大部分组成，其核心是发动机。导弹发动机有很多种，通常分为火箭发动机和吸气喷气发动机两大类。前者自身携带氧化剂和燃烧剂，因此不仅可用于在大气层内飞行的导弹，还可用于在大气层外飞行的导弹；后者只携带燃烧剂，需要依靠空气中的氧气，所以只能用于在大气层内飞行的导弹。

导弹制导系统，是指按一定导引规律将导弹导向目标、控制其质心运动和绕质心运动以及飞行时间程序、指令信号、供电、配电等各种装置的总称。其作用是适时测量导弹相对目标的位置，确定导弹的飞行轨迹，控制导弹的飞行轨迹和飞行姿态，保证弹头（战斗部）准确命中目标。

战斗部，是导弹毁伤目标的专用装置，亦称导弹战斗部，它由弹头壳体、战斗装药、引爆系统等组成，有的弹头还装有控制、突防装置。

战斗装药是导弹毁伤目标的能源，可分为核装药、普通装药、化学战剂、生物战剂等。引爆系统用于适时引爆战斗部，同时还保证弹头在运输、贮存、发射和飞行时的安全。

导弹弹体结构系统是构成导弹外形、连接和安装弹上各分系统且能承受各种载荷的整体结构。为了提高导弹的运载能力，弹体结构质量应尽量减轻。因此，应采用高比强度的材料和先进的结构形式。导弹外形是影响导弹性能的主要因素之一。

● 展　望

自20世纪80年代末以来，世界形势发生了巨大变化，新的国际形势、新的军事科学理论、新的军事技术与工业技术成就，必将为导弹武器的发展开辟新的途径。未来的战场将具有高度立体化、信息化、电子化及智能化的特点，新武器也将投入战场。为了适应这种形势的需要，导弹正向精确制导化、机动化、隐形化、智能化、微电子化的更高层次发展。

按图索骥的巨斧
——"战斧"巡航导弹

美国"战斧"巡航导弹是一种长程、全天候、具有短翼、以次音速巡航飞行的多用途导弹，是美国海军航空系统司令部于1972年开始研制的一种兼有战略和战术双重作战能力的巡航导弹系列，可从潜艇和水面舰艇上发射，用于打击陆基和海基战略和战术目标，于1983年装备美军部队。

● 超级展示

美国"战斧"导弹系列主要有3个种类，一是从陆上发射的GLCM型，二是从空中发射的ALCM型，三是从海上发射的BGM-109型。从海上发射的"战斧"导弹兼有战略和战术双重作战能力，其中BGM-109A型为海基对陆核攻击型，BGM-109B型为海基反舰型，BGM-109C型为海基战术对陆常规攻击型，BGM-109D型为常规子母弹型。近年来，大显身手的主要是C型及其改进型Block3型。无论是何种形式的"战斧"

导弹，它们的外形尺寸、重量、助推器、发射平台都几乎相同，不同之处主要是弹头、发动机和制导系统。"战斧"导弹身长约6.24米，直径0.527米，水平翼长2.65米，发射重量1452千克。导弹在航行中采用惯性制导加地形匹配或卫星定位修正制导，射程在450千米～2500千米，飞行时速约800千米。导弹的巡航高度较低，海上为7米～15米，陆上平坦地区为60米以下，山地为150米。

● 攻击的先锋

"战斧"式巡航导弹是美军攻击的先锋，这是由其特点决定的。首先，它不需要人员近距离投送，减少了己方人员伤亡；其次，由于它的射程远、飞行高度低、红外特征不明显、发动机火焰温度低，不易被雷达发现，使其具有较强的突防能力；此外，还有战术灵活性大、发射方式多等特点。但最重要的是"战斧"导弹具有"百步穿杨"的高精度，命中精度可达到在2000千米内误差仅有几米的程度，这主要仰仗它先进的复合制导系统，这突出表现在"战斧"导弹家族中最风光Block3型上。

● 展示平台

目前美国海军在实战中使用的主要型号是"战斧"Block3型对地攻击导弹。该导弹采用先进的F107-WR-402型发动机，射程为1667千米（舰射型）或1127千米（潜射型），巡航速度0.72马赫，命中精度3米～6米，战斗部采用WDU-36B钝感炸药高效战斗部，采用惯性和GPS制导。其发射方式是潜射型使用鱼雷管或艇外垂直发射装置发射，导弹离开潜艇10米后，固体助推器点火，4个燃气舵使导弹稳定飞向水面，以大约50°的角度出水，在固体火箭的推动下升空。水面舰艇装备有装甲箱式发射系统或MK41垂直发射系统。

地面毁灭大将
——"飞毛腿"导弹

"飞毛腿"导弹是前苏联在20世纪50年代末研制的一种近程机动发射地对地战术弹道导弹，主要用于打击敌方机场、导弹发射场、指挥中心和交通枢纽等重要目标。该型导弹系统采用车载越野机动发射方式，也可在未测定的阵地上发射。"飞毛腿"导弹共研制了A、B、C、D四种型号，目前使用最广泛的是"飞毛腿"B型，该导弹曾先后用于第四次中东战争、两伊战争和海湾战争，取得良好战果。不少国家以"飞毛腿"导弹为技术基础，研制了自己的地对地导弹。

● "飞毛腿"B型导弹

目前，人们关注最多的是前苏联研制的"飞毛腿"B型导弹，导弹长11.16米，弹径0.88米，翼展1.81米，起飞重量6300千克，弹头常规装药时重1000千克，核装药时为1万吨~100万吨TNT当量，装有触发式电引信，射程50千米～300千米，命中精度300米，从预测阵地发射时间为45分钟，从瞄准到发射为7分钟，采用惯式制导，发动机工作时间62秒。

● 存在缺陷

"飞毛腿"导弹是一种弹道式导弹，它的飞行轨道主要根据发射点的位置及目标的位置预置程序，飞行程序预先在弹上设定，导弹发射后，将按预先设定的程序进行飞行。在飞行中由弹上的捷联惯导系统和燃气陀来控制导弹按预定的轨道飞行，直至飞向目标。因此，"飞毛腿"导弹一经升空后，其飞行轨道是确定的，不能变换。如果对方测到导弹某一点的飞行参数，即能计算出导弹飞行的轨迹，因此容易被高性能的反弹道导弹拦截。除此之外，该导弹的误差大，自身没有先进的雷达区域相关制导等方式，无法自行纠正已偏离的弹道，所以圆概率误差最大1000米。

● 辉煌时刻

1973年，在第四次中东战争中，埃及和叙利亚第一次使用前苏联制的"蛙"7和"飞毛腿"B型导弹，发射28枚导弹，摧毁了以色列一个拥有上百辆坦克的装甲旅，曾轰动世界。1980—1988年两伊战争中，伊拉克于1982年10月27日向伊朗边境城市迪斯浮尔城发射一枚"飞毛腿"B型导弹，炸死21人，伤100人。后来，伊拉克对"飞毛腿"B型导弹进行改装，缩小装药量，增大射程，经改装的"飞毛腿"B型导弹，起名"侯赛因"和"阿巴斯"。装药战斗部由1000千克减为250千克，射程由300千米增加到900千米。这两种新型的导弹的缺点是误差大，破坏力小。到20世纪80年代末，前苏联的导弹已经发展到第五代，"飞毛腿"B型由技术性能更先进的SS-23导弹所取代。

● 袭城战

1988年2月27日，两伊战争中，伊拉克又出动空军袭击了伊朗首都德黑兰郊区的一座炼油厂，伊朗针锋相对予以还击，在空军力量不足的情况下率先使用了地对地弹道导弹，双方导弹"袭城战"一触即发。29日凌晨，伊朗首都德黑兰显得格外宁静，人们还沉浸在梦乡之中，突然，数道耀眼的亮光划破夜空，几声巨响之后，德黑兰市内顿时浓烟滚滚、火光冲天，伊拉克以伊朗首都为主要打击目标的地对地战术弹道导弹"袭城战"开始了。9天时间里，伊拉克向伊朗发射了50枚"飞毛腿"B型导弹，至4月21日伊拉克共向伊朗发射了189枚地对地战术弹道导弹，伊朗有40座城市被炸，1700多人死亡，万余人受伤，大量楼房和建筑物被毁。这是继1944年9月德国V2导弹对伦敦实施人类历史上第一次大规模导弹"袭城战"之后，局部战争中动用地对地弹道导弹数量最多、持续时间最长、作战效果最大、影响最为深远的一次。

刺破青天的神剑
——"爱国者"导弹

"爱国者"防空导弹是美国雷锡恩公司研制的新型全天候、多用途、机动式战术地对空导弹。主要用于对付高、中、低空进攻的多个飞行目标和近程弹道导弹，并取代"奈基Ⅱ"式地对空导弹，1983年正式装备美军，军用编号为MIN-104，有PAC-I/II/III型三种改进型号，是当今西方国家装备的最主要的防空导弹。

● 超级展示

"爱国者"导弹弹长5.3米，弹径0.41米，翼展0.87米，弹重906千克，最大飞行速度3.9马赫。每个火力单元由4部分组成，包括1台指挥车，内有2名操作人员，负责敌我识别、制定作战方案以及监控作战等。导弹发射车是1辆M-869式拖车，拖车上装有8部车载式4联装导弹发射架和1台15千瓦的柴油发电机，共有32枚待发导弹，作用距离远达160千米，能同时追踪100个目标，跟踪8批目标，制导8枚导弹。其全部设备均为车载，具有高度机动性和快速反应能力，整个导弹实际操作人员为12人。

● 战术特点

★跟踪、捕获目标的能力强。主要是因为它装备了相控雷达，这种雷达能同时担负搜索、识别、跟踪、制导和电子对抗等任务，能代替9部普通雷达。

★导弹攻击范围大。"爱国者"导弹采用高能固体燃料火箭发动机，射程3千米～80千米，射高0.3千米～24千米，具有高中低空、远中近程攻击能力。

★抗干扰性强，制导精度高。"爱国者"导弹是为了对付在强电子干扰环境下的大规模空袭设计的，采用的是复合制导方式，导弹发射后初段按预编程序飞行，中段按雷达指令前进，末段则根据目标反射的雷达波主动寻找目标。因此，不论遇到何种干扰，几乎都不影响它的命中精度，单发命中率为91%。

★发射系统自动化程度高、反应快。作战时，它的每台发射车都可由指挥车通过无线电遥控发射，一旦捕捉到目标后，导弹在几秒钟内就能发射出去。

● 大战"飞毛腿"

1991年1月21日，一枚改进型"飞毛腿"B型地地战术弹道导弹拖着长长的尾焰，从伊拉克中部地区发射升空，很快就穿过大气层，进入攻击沙特阿拉伯首都利雅得的飞行弹道。设在澳大利亚的美国空间指挥基地和设在本土的美国航空航天司令部同时接收到DSP导弹预警卫星发送的"飞毛腿"导弹弹道参数，经地面站计算，所有地面准备工作完成之后，指挥中心命令发射"爱国者"导弹，"爱国者"导弹以38°倾角升空，并按预置程序改变飞行。当"爱国者"进入末段飞行时，其弹上"半自动寻的头"主动开始工作，并适时将它所捕捉到的"飞毛腿"弹道参数反馈给地面指控中心。指控中心根据接收到的相对角偏差数据，经精确计算后，速将修正指令反馈给"爱国者"，"爱国者"按指令进入精确计算后的拦截弹道接近"飞毛腿"，当"飞毛腿"闯入"爱国者"

20米杀伤半径之内时，弹上的无线电近炸引信立即引爆破片杀伤式战斗部，一阵空中开花。"飞毛腿"被"爱国者"成功拦截。上述过程自始至终在1分钟之内完成，这一天，伊拉克发射了10枚"飞毛腿"，有9枚遭拦截，成功率达90%。

威震蓝天的超级杀手
——"不死鸟"导弹

"不死鸟"导弹是美国于1962年研制的一种远距离、全天候、全空域超音速机载远距空对空导弹武器系统，也是目前西方国家装备的重量最大、射程最远的空对空导弹之一，1973年开始服役，主要配合飞机上的火控系统进行远距离的目标攻击。在长达20年的时间里，"不死鸟"导弹曾经是世界上唯一射程超过100千米的现役远程空对空导弹，甚至是在长达30年的时间里唯一能够同时攻击多个目标的空空导弹，全球海洋上空都是"不死鸟"称霸的地方。但随着美国海军F-14战斗机的退役，失去了唯一搭载平台的远程空空导弹AIM-54"不死鸟"也慢慢失去光彩，并从武器装备的序列中悄然退出。"不死鸟"独霸天空的时代落下帷幕。

● 作战使用

作为曾是世界上技术最先进的战术空空导弹，"不死鸟"是第一种雷达制导的空空导弹，一架飞机可同时发射6枚"不死鸟"以对付不同的目标。美海军一直将该型导弹作为舰队主要的防空远程武器。"不死鸟"空空导弹主要装备在F-14、F-111战斗机上，用于攻击来袭的超音速轰炸机和巡航导弹，控制空域和保卫舰队安全，配合飞机上的火控系统，可同时跟踪攻击6个目标。该导弹采用边跟踪边扫描发射、单目标跟踪发射、空战中机动发射三种发射方式，能有效地攻击多种目标，特别是小目标和低空目标。在严重的电子干扰或恶劣的气候条件下，它具有较高的攻击能力，其攻击区较大，杀伤率较高。

● 技术档案

"不死鸟"导弹长约3.9米，重454千克，直径38.1厘米，翼展0.9

米，射程可达184千米，速度4800千米/时，制导系统为半主动和主动雷达制导，弹头重60.75千克。该弹采用正常式气动布局，4个弹翼均布于发动机舱的周围，弹翼的后方是4个矩形的舵翼，其动力装置为一台固体燃料火箭发动机。该型导弹的一大特点是可以采用多种制导方式攻击目标，在拦截目标的过程中，它可根据不同情况，灵活选用主动雷达制导、半主动雷达制导以及干扰源寻的等制导方式。"不死鸟"导弹型号主要有AIM-54A、AIM-54C、AIM-54C+和AIM-54D四个型号。

● F-14的核心武器

F-14战斗机武器系统的核心是该系统可以跟踪24个目标，发射6枚AIM-54"不死鸟"导弹，打击6个不同的目标。由于"不死鸟"的射程可达184千米，因此，它使得F-14具有世界上任何战斗机无法比拟的、最大的防空区外作战能力。美军曾在试验中用6枚"不死鸟"导弹击落不同方向、不同高度的6个目标，使前苏联的"獾式"、"熊式""逆火式"轰炸机对之望而生畏。

● 实战表现

尽管"不死鸟"在历次试验和演习中性能出众，但在它所参加的实战表现来看，说明它确实不是一只"好鸟"，它在实战中战绩平平。据其海外用户伊朗称，"不死鸟"仅仅击落过屈指可数的几架老式"米格"战机，实战表现远不如"响尾蛇"和"麻雀"等空空导弹。在1991年的海湾战争中，"不死鸟"甚至还白白丢掉了击落伊拉克战机的绝好机会。不仅如此，"不死鸟"在实战中还暴露出诸多不足：过于笨重，适挂机型有限，载机雷达功率过强，容易被对方侦测以及作战程序繁琐等。美国最终决定于1993年停止生产该导弹，2004年退出现役。

战机杀手锏
——"斯拉姆"导弹

AGM-84"斯拉姆"导弹是美国海军在机载"鱼叉"反舰导弹基础上进行改进而研发的派生型导弹，1989年11月试射，1991年8月装备部队，由于海湾战争爆发而提前装备。海湾战争中，该弹曾创造了两弹进一孔的奇迹。科学式战争中，北约使用该导弹对一些防护和掩蔽严密的目标进行了空袭，效果较好。目前，主要装备在A-6E、F/A-18等飞机上。

● 特别关注

一般来说，水面舰艇比较惧怕来自空中的威胁，而在水下航行的潜艇由于不易被高速飞行的飞机发现，所以至今还没有一种从空中发射攻击水下潜艇的导弹。但是，直升机是潜艇的克星之一，因为直升机在空中的飞行速度不大，且能做短时间的空中停留，利用直升机投放的声呐能够探测到水下的潜艇，由于潜艇在水下的航速远不如直升机在空中的飞行速度，因此往往处于劣势，潜艇一旦被发现，逃又逃不了，反击又困难。

● 作战使用

"斯拉姆"系统的发射工作由两名人员来完成，一名为目标探测员，一名为导弹发射员。首先由探测员通过目标探测设备来发现目标，当发现目标后，就把目标信息传递给发射员和控制系统。随着发射员发射命令的下达，固体助推器点火并产生推力，制导与控制系统的陀螺开锁，各部件开始工作，所产生的推力将导弹推出发射筒，折叠尾翼便展开，主发动机在规定的时间内点火，产主推力与旋转力，导弹在空中作加速、滚动飞行。导弹尾部的曳光管工作，舰上的红外跟踪器跟踪导弹曳光管发出的红外光源，发射员根据显示屏上显示的导弹与目标情况，发出无线电控制指令，弹上的指令接收天线、指令接收机等根据这一指令来控制导弹飞行，使导弹进入电视摄像机的瞄准线，就这样运用三点导引法使导弹飞向目标。

● 辉煌时刻

1991年的海湾战争中，有个惊人的"斯拉姆"空地导弹挖心攻击战例。当时，美国海军一架A-6E"入侵者"式重型攻击机和一架A-6E"海盗"式轻型攻击机奉命从位于红海的"肯尼迪"号航空母舰上起飞，去轰炸伊拉克的一座水力发电站。其中一架A-6E攻击机在距水力发电站100千米远时首先发射，在A-6E飞机的控制下，第一枚"斯拉姆"导弹将伊拉克一个发电站厂房炸开了一个约10米直径的大洞。两分钟后，另一架 A-6E 发射了第二枚"斯拉姆"导弹，这枚导弹从第一枚导弹炸开的洞口穿入厂房，从内部将发电站摧毁。

● "斯拉姆"改进型

"斯拉姆"改进型 AGM-84H 是美国 AGM 系列导弹之一，是在 AGM-84H"鱼叉"导弹基础上改进而成的。它采取 GPS 制导和红成像制导，是第一个能在飞行中重新瞄准的攻击武器，能对远距离的陆地或海上目标实施精确攻击。它是一种新型全天候、高亚音速远程空地导弹，特点是射程更远、速度更快、精度更高。改进以前的"斯拉姆"导弹家族成员的传统外形，射程为 110 千米。但 AGM-84H 却特别增加了一对像飞机翅膀一样的伸出式平面弹翼，从而大大改进了导弹的空气动力特性，使导弹不但飞得更远，而且飞得更快。为了让导弹打得更准，AGM-84H 采用了新的制导导航单元，有一个以环形激光陀螺为基础的惯性导航器和一个 6 通道 GPS 接收机，并将利用一种新的自动任务计划模块使预先准备时间从 5 小时~8 小时缩减为 15 分钟~30 分钟。AGM-84H 与控制飞机相联系的数据链系统是在 TSSAM 防区外导弹的数据链基础上改进的，有更高质量的视频信号和更好的抗干扰能力。

陆战之王的克星
——"陶"式反坦克导弹

BGM-71"陶"式导弹（BGM-71 TOW）是美国的一种反坦克导弹。主要用于攻击各种坦克、装甲车辆、碉堡和火炮阵地等硬性目标。"陶"式的生产开始于 1970 年，并装备部队。供车载和直升机发射，也可用于步兵便携发射。在越南战争及第四次中东战争中都曾大量使用此导弹，并取得了良好的战果。它是现在世界上使用最广泛的反坦克导引导弹，目前生产的"陶"式可以击穿任何已知坦克的装甲。

● 演变历程

"陶"式导弹最初由休斯飞机公司在 1963—1968 年研发，代号 XBGM-71A 在被美军采用后，先后又研发了 BGM-71A/B/C/D/E/F 等多种型号组成的完整的反坦克导弹系列，设计者打算让它满足不同平台的需要。作为机降反坦克武器BGM-71系列取代了当时服役的M40无后坐力炮和MGM-32导弹系统，也取代了当时直升机使用的AGM-22B导弹。1975年，机载基本型BGM-71A开始进入美国陆军地面部队服役，1975年机载基本型BGM-71B装备美国"眼镜蛇"武装直升机。多年来，"陶"式导弹一直不断地升级改善，甚至到目前陶式导弹的改善仍在持续。

● 技术档案

"陶"式导弹弹长1.164米，弹径152毫米，全弹质量18.47千克，最小射程为65米，命中率500米以内为90%，500米~3000米可达到100%。武器系统由导弹、发射装置和地面设备三大部分组成，弹体为圆柱形，弹翼平时折叠，发射后展开。战斗部破甲威力可从地面发射，也可以从直升机上发射，与第一代反坦克导弹相比，具有射程远、飞行速度快、制导技术先进和抗干扰能力强等特点。该导弹贮存期为5年，运载工具为AH-1W直升机、M113装甲车、M151吉普车等。

● "陶"式ITAS系统

"陶"式改良目标获取系统"陶"式-ITAS是M220地面悍马使用的"陶"Ⅱ导弹系统的升级套件，"陶"式ITAS目前被广泛装备于美国陆军和海陆的空降、机降和轻步兵的现役和后备部队中，"陶"式ITAS除了为反坦克提供更佳的反装甲能力，还能使之整合成为混编部队中的一部分，传统的重、轻部队组合中，反装甲能力大多由重部队肩负，装备了"陶"式ITAS的反坦克单位不只能消灭有威胁的目标，还能提供更佳的侦查、监视和目标获取能力及后方地区保护能力和都市作战能力。

● 作战应用

海湾战争中，美国参战的数百辆M901式导弹发射车、M2步兵战车、M3骑兵战车、AH-15直升机和英国参战的"大山猫"直升机等都配有"陶"式反坦克导弹。战争中，美第一陆战师从两个区域突破伊军防御后，受到伊军装甲部队的翼侧拦阻，车载"陶"Ⅱ式反坦克导弹在1200米~3000米距离上开火，共发射导弹110枚，93枚命中目标，摧毁了伊军炮兵阵地内的几十辆T62、T55坦克，配合M1A1坦克击溃了伊军。英军"山猫"直升机发射"陶"式导弹600多枚，击毁伊军装甲目标450个。

● 识别特征

"陶"式反坦克导弹使用发射筒发射，弹和筒各有特点。反坦克导弹弹体呈柱形，前后两对控制翼面，第一对位于弹体，四片对称安装，为方形，第二对位于弹体中部，每片外端有弧形内切，"陶"Ⅱ以后型号的弹头加装探针；发射筒亦为柱形，自筒口后1/3处开始变粗，明显呈前后两段，直升机载"陶"式导弹有二、四联两种，导弹封存于发射筒中，发射筒筒口两端略粗，中间细。

冲上蓝天的鱼鹰
——"标准"导弹

"标准"系列舰空导弹是美国于1963年开始研制的中远程全天候舰队防空系统。"标准"防空导弹可以攻击中高空飞机、反舰导弹及巡航导弹，必要时还可攻击水面舰艇。经过四十多年不断的改进，"标准"导弹已经发展成拥有数十种型号的庞大家族，不但成为美国海军的主要防空系统，而且还装备在其他十几个国家和地区的100多艘舰艇上。它是迄今为止世界上功能最先进、装备数量最多的舰载防空导弹。

● 演变历程

"标准"系列导弹主要分Ⅰ、Ⅱ、Ⅲ型三大系列，每个系列又分为多种型号。最早投入使用的是"标准"Ⅰ型系列（SM-1）。目前美国海军主要使用的是"标准"Ⅱ型系列（SM-2）。备受关注的"标准"Ⅲ型（SM-3）是正在研制中的一种新型远程防空导弹，是美国海基战区导弹防御系统（TMD）的重要一环。此外，美国海军还在研制"标准"Ⅳ型对陆攻击型导弹（SM-4），用于对陆火力支援。

● "标准"Ⅱ导弹 "标准"Ⅱ导弹

"标准"Ⅱ型导弹是美国研制的一种全天候、全空域舰对空导弹，主要用于航空母舰编队的区域防空，是目前世界最先进的中远程舰对空导弹之一。该型导弹采用中段惯性制导加无线电指令修正和末段半主动雷达寻的复合制导，配用多功能相控雷达和连续波多普勒雷达，由MK41垂直发射系统或MK26导弹发射器(GMLS)发射，由尾部弹翼控制飞行方向。在飞向目标途中，通过数据链从MK74"鞑靼人"或MK76"小猎犬"火控系统向导弹发送目标修正指令，或通过"宇宙盾"舰上的指令制导上传数据链向导弹发送目标指令，直到末端才需要雷达照射。此外，SM-2导弹采用了先进的单脉冲导引头和数字计算机控制，有效地克服了SM-1导弹的缺点，提高了射程、精度和抗干扰能力等，可同时发射8枚导弹攻击4个目标。"标准"Ⅱ型中程导弹的主要战术指标为：射程74千米，最大高度24千米，弹长4.47米，弹径340毫米，翼展1.07米，弹重610千克，最大射程为120千米，最大速度2.5马赫，该型导弹采用了新的MK104双推力火箭发动机，进一步增大了射程，提高了对抗、高机动目标的能力。同时，还引用了全数字信号处理技术，并采用MK115爆破杀伤战斗部。

● "标准"Ⅲ型导弹

SM-Ⅲ型导弹以SM-Ⅱ舰空导弹为基础，加上由弹道导弹防御组织(BMDO)研发的轻型大气层外射弹，还有新的三级火箭发动机。SM-3型是美国海基战区导弹防御系统的重要一环，用来拦截中、远程弹道导弹。该导弹拦截方式采用波音公司研制的"动能拦截弹头"直接撞击目标。SM-Ⅲ型导弹提高了导弹的可靠性和保障性，同时降低了导弹的成本。SM-Ⅲ型导弹已经从工程研制阶段转换到生产加工阶段，并和SM-Ⅱ导弹一起在雷锡恩公司导弹系统分公司的军工厂生产，这些军工厂分别位于亚利桑那州的图森市和阿肯色州的卡姆登市。SM-Ⅲ型导弹的动能战斗部将在图森的最新式拦截器的生产工厂进行生产和测试。

架在肩膀上的毁灭者
——"毒刺"肩射防空导弹

"毒刺"导弹是美国于1967年开始研制的第二代单兵近程地对空导弹，在世界武器发展史上极具传奇色彩，是装备陆军和海军陆战队的一种防空武器。据称，在世界范围内所有被击落的飞机中，约有300多架是"毒刺"导弹的战绩，远远超出任何一种防空导弹。"毒刺"导弹还不断进行改进，长期保持世界上最先进的肩射防空导弹系统优势，为美国及其19个盟国提供防空作战能力。

● 超酷档案

"毒刺"导弹防空系统，由美国陆军火箭导弹局研究与发展处提出的要求，由美国通用动力公司研制成功。目前，美军现役有第二代基本型"毒刺"导弹（FIM-92A）、具有第三代水平的"毒刺-POST"（FIM-92B）和第四代水平的"毒刺-BMP"（FIM-92C）。截至2001年，"毒刺"导弹所有的型号已经被制造超过7万枚。目前的最先进生产型号是"毒刺"-RMP Block I 导弹。改进型的"毒刺"导弹采用被动光学导弹头，并采用了星形图像扫描技术，使其对目标的探测范围大大扩展。"毒刺"导弹的性能好、重量轻，具有全向攻击能力，且抗红外干扰能力强，可赋予其多种用途。该型导弹的弹长为1.52米，弹径为0.07米，最大速度为2马赫，最大射程为5.6千米，作战高度可达3.8千米。

● 导弹系统构成

一套"毒刺"导弹系统的组件包括"毒刺"-RMP导弹、导弹发射架、三角架、射手座位轴承座、控制把手、红外成像瞄准系统、变焦望远镜提示系统、备份光学瞄准器以及2枚备份导弹等。

● 部署情况

每个美国陆军装甲师、机械化师、轻步兵师、空降师和空中突击师的防空火炮（ADA）营都有1个"毒刺"排。每个"毒刺"排各自拥有4个班，每个班由3~5个组组成（"毒刺"的基本火力单位是发射组）。每个组有2人，1名组长，1名射手，装备4具发射筒和导弹。一个"毒刺"发射组正常装备一辆M998系列（4×4）HMMWV轻型车辆，一套GSQ-137"目标警告数据显示装置"。

● 交战步骤

"毒刺"防空导弹系统典型的战术交战过程中需要射手完成一系列步骤，一旦射手准备使用肩射FIM-92"毒刺"防空导弹系统要和一个目标交战，射手需要将BCU插入导弹系统的插座之内并展开IFF天线；然后取开发射管前面的保护盖；打开瞄准具，通过一条电缆组合连接

IFF询问机单元到操作手柄；射手开始准备进行目标视觉捕获，通过使用瞄准具和使用系统估算设备估计它的距离，如果射手发现敌方目标，会马上跟踪目标打开脉冲产生器开关启动武器系统，以激活导弹弹载化学电池，助推发动机点火，导弹突破易碎圆盘罩同时发动机尾气冲破发射管底端排出。

● 作战多面手

"毒刺"导弹是一种非常多面的武器，它不仅在最初的单人便携式武器中扮演重要角色，还被当作其他防空系统导弹的组成物。美国陆军将"毒刺"导弹当做一种直升飞机发射的空对空导弹，与低高度目标交战。1997年11月6日，一架基奥瓦直升机通过导引头辅助模式瞄准目标，成功进行了第一次"毒刺"RMP导弹发射。

战　车

陆战王者
——坦克

坦克是配备有武器和旋转炮塔的履带式装甲车辆，它具有强大的直射火力，高度的越野机动性和很强的装甲防护力，是地面作战的主要突击兵器和装甲兵的基本装备。自20世纪60年代以来，多数国家将坦克按用途分为主战坦克和特种坦克。主战坦克主要用于与坦克及其他装甲车辆作战，也可用于歼灭、压制反坦克武器，摧毁野战工事，歼灭有生力量。特种坦克主要用来担负专门任务，如侦查、空降、布雷、喷火等。

● **总体结构**

现代坦克大多是传统车体与单个旋转炮塔的组合体，按主要部件的安装部位，通常划分为操纵、战斗、动力、传动和行动五个部分。操纵部分（驾驶室）通常位于坦克前部，内有操纵机构、检测仪表、驾驶椅等；战斗部分（战斗室）位于坦克中部，一般包括炮塔、炮塔座圈及其下方的车内空间，内有坦克武器、火控系统、通信设备、三防装置、灭火抑爆装置和乘员座椅，炮塔上装有高射机枪、抛射式烟幕装置等；动力传动部分（动力室）通常位于坦克后部，内有发动机及其辅助系统、传动装置及其控制机构、进排气百叶窗等；行动部分位于车体两侧翼板下方，有履带推进装置和悬挂装置等。

● **武器系统**

主武器多采用120毫米或125毫米口径的高压滑膛炮。炮弹基数一般为40～50发，主要弹种有尾翼稳定的长杆式脱壳穿甲弹和多用途弹。脱壳穿甲弹采用高密度的钨合金或贫铀合金弹芯，初速达1650米/秒～1800米/秒，在射击距离内，可击穿500毫米左右厚的均质钢装甲，多用途弹对钢质装甲的破甲深度可达600毫米左右，而且兼备杀伤爆破弹功能。各种炮弹多采用带钢底托的半可燃药筒。有的坦克炮有自动装弹机，有的坦克炮可发射反坦克导弹。现代坦克普遍装备以电子计算机为中心的火控系统，包括数字式火控计算机及各种传感器、炮长和车长瞄准镜、激光测距仪、微光夜视仪或热像仪、火炮双向稳定器和瞄准线稳定装置、车长和炮长控制装置等。

● 坦克的展望

坦克仍然是未来地面作战的重要突击武器，许多国家正依据各自的作战思想，积极地利用现代科学技术的最新成就。坦克的总体结构可能有突破性的变化，出现如外置火炮式、无人炮塔式等结构形式。火炮口径有进一步增大趋势，火控系统将更加先进、完善；动力传动装置的功率密度将进一步提高；各种主动与被动防护技术、光电对抗技术以及战场信息自动管理技术，将逐步在坦克上推广应用。新型主战坦克的摧毁力、生存力和适应性将有较大幅度的提高。

"五大金刚"之首
——M1型主战坦克

M1型主战坦克是美国1971年开始研制的，为了纪念二战时期著名的坦克部队指挥官艾布拉姆斯将军，M1型主战坦克也称之为"艾布拉姆斯"主战坦克，继承了美国陆军突击武器基本上都以著名陆军将领名字命名的传统。鉴于在海湾战争中的表现出色，其改进型坦克被誉为美军陆战部队"五大金刚"之首，现有M1、M1A1、M1A2和M1A2SEP四种类型。

● 超酷档案

M1A1战斗全重57吨，有4名乘员。车内由前至后分为驾驶、战斗和动力传动三部分。主要武器是1门120毫米的滑膛炮，发射尾翼稳定脱壳穿甲弹和多用途破甲弹，弹药基数40发。辅助武器是1挺12.7毫米高射机枪和两挺7.62毫米的机枪，弹药基数分别为1000发和11400发。火控与观瞄装置应用火控计算原理，具有较高的行进射击精度。

● 贫铀装甲

著名的贫铀装甲从1988年6月开始正式装备M1A1主战坦克，把贫铀合金制成网状结构嵌入钢质基体内做成装甲块，然后嵌入坦克外壳，就成为贫铀装甲，其密度为18.7克/厘米，是钢密度的2.5倍。因为密度高，硬度就高，防护力就强。贫铀装甲在两层钢板中间，有了贫铀装甲护身使M1坦克所向无敌，其装甲防护力提升到M1的2倍，这也使得车重从57.1吨增加到58.9吨。它抗尾翼稳定脱壳穿甲弹的能力相当于600毫米厚的均质钢装甲，抗空芯装药破甲弹能力相当于1300毫米厚的均质钢装甲，提高了该坦克的防御动能弹和化学动能弹的攻击力。

● 后起之秀

M1A2坦克是对M1坦克进行第二次重大改进后的车型，美国陆军1992年正式订购M1A2坦克，在M1基础上进行多达40项的改进，尤其在技术方面有了质的变化，这一型的坦克最主要的改进是在敌我识别和热像仪的清晰程度方面。当然它也进一步增加了锁敌距离，可以更好地发挥滑膛炮射程远的优势。

● 数字化战车

由于M1A2坦克采用电子数据总线技术，该型坦克实现了电子化，增加了属于高科技产品的车长独立热像观察仪，车长能独立捕捉、跟踪目标射击，大大提高了低能见度情况下与敌交战的能力，具有"猎歼能力"；使用co2激光测距仪，该测距仪工作波长与热像仪相同，测距范围加大，穿透烟幕和尘烟能力更强；驾驶员的微光驾驶仪被热观测仪取代，该观测仪不仅扩大了驾驶员视野，在夜间也具有观测能力。其目的是使美陆军改进其战术原则，并且使其主战坦克更加现代化。

● 威力惊人

M1A2坦克的攻击能力特别强，配备M256型120毫米滑膛炮，这种火炮在1991年的海湾战争中表现出优良的性能，是目前西方国家中威力最大的坦克炮，其有效射程达3500米，在2000米距离上，发射M829E2型贫铀弹，可击穿700毫米厚的均质钢装甲。

● 自我掩护

M1坦克可以自我掩护，免受敌方攻击。坦克的炮塔上装有两个榴弹发射器，可以向各个方向发射发烟榴弹，坦克乘员也可在排气装置中加入少许柴油生成浓烟。M1坦克乘员将弹药存放在装甲厚重的弹药舱内，一旦弹药被引爆，装甲结构可以保护乘员不受爆炸所伤，也可以防止坦克完全炸毁。如果坦克内发生任何火险，车载灭火系统可以迅速将其扑灭。M1还配有对付生化攻击的装备。先进的空气过滤系统能净化进入坦克的空气，因此乘员不会有因生化攻击导致的生命危险。

凶猛的陆战"猎豹"
——"豹"Ⅱ系列主战坦克

"豹"Ⅱ主战坦克是德国第二代主战坦克，于1979年10月正式列入联邦德国陆军装备。"豹"Ⅱ主战坦克在火力、防护力、机动力这三项发展要素上均有出色的设计，它是世界现役主战坦克中综合性能最优秀的，因此多年来一直稳坐主战坦克的头把交椅。自"豹"Ⅱ坦克开始生产至今天，已经历了30多年的时间，完全可以被称为是一个军事工业的奇迹。

● 追根溯源

"豹"Ⅱ主战坦克是20世纪70年代，由美国和联邦德国共同研发出来的主战坦克，但由于两国在战车的设计和战术思想上的分歧，再加上高昂的研发费用，使得两国后来各自发展本国的战车，但这也使得德国"豹"式坦克借鉴了很多美国M1战车的优点。

● 火力凶猛

"豹"Ⅱ坦克上装有1门莱茵金属公司研制的RH-120型120毫米的滑膛炮，配有两种尾翼稳定的标准弹，即DM-13型动能弹和DM-12型多用途弹。设计膛压为710兆帕，在常温下该炮可以轻松穿透900毫米的均质钢甲，火控系统是采用指挥仪式稳像火控系统，在行进中具有稳定性和对运动目标的射击的高命中率，创下了现役坦克的火力之最。

● 防护力至上

"豹"II坦克的设计把乘员生存能力放在20项要求之首位，车体和炮塔均采用间隙复合装甲，车体前端呈尖角状，增加了厚的侧裙板，车体两侧前部有3个可起裙板作用的工具箱，提高了正面弧形区的防护能力。炮塔外轮廓低矮，防弹性好，设计时考虑了中弹后的防二次效应问题，将待发弹存于炮塔尾舱，并用气密隔板将弹药与战斗舱隔离。

● 防护力至上

发动机是坦克的动力之源，"豹"II坦克装有MTU公司研制的MB873KA-501型发动机，是目前世界上功率最大的发动机，它是一种4冲程12缸V型90°夹角水冷预燃室式增压中冷柴油机，在2600转速/分钟时，功率为1100千瓦。该发动机具有单位体积功率高、低速扭矩特性好、燃油经济性好、起动性好等特点，使"豹"II坦克具有比较好的加速性能，从零加速到32千米/小时仅需7秒。然而，其环形散热器冷却系统消耗功率达到162千瓦，比其他坦克要高。

矮个子的地面"猛虎"
——T72主战坦克

T72主战坦克是前苏联的第三代坦克，于1971年投产，1973年大量装备部队。T72坦克充分体现了前苏联坦克制造业的优良传统，具有强大的火力和良好的可靠性。它的车高只有2.19米，与同时代的主战坦克相比是最矮的，降低了中弹概率，堪称"矮战将"。为了充分发挥其潜在战斗力，T72主战坦克不断改进，并出现了多种变型车，成为第二次世界大战后生产数量最多、装备国家最多、改进型最多的主战坦克。

● T72技术档案

T72坦克是继T62后研制成功的一种新型坦克，经T70试验车发展成T72主战坦克，该战车全重41吨，发动机为水冷多种燃料机械增压发动机，功率为574千瓦，乘员为3人，取消了装填手。该坦克的主要武器是1门短后坐距离的125毫米滑膛炮,身管长是口径的48倍,中部有炮膛抽气装置,可以发射3种分装式炮弹。它的发射初速度为1800米/秒,穿甲弹可在2000米的距离内将240毫米厚的钢板垂直穿透;破甲弹可以在同样的距离上击穿500毫米厚的钢板。正常状态下弹药基数为39发,后期可配备6发9K119炮射导弹。由于配备自动装弹机,理论射速达到8发/分。

● 防护系统

T72主战坦克车体除在非重点部位采用均质装甲外,在车体前上部分采用了复合装甲。前上装甲厚200毫米,由3层组成,外层和内层分别为80毫米和20毫米的均质钢板,中间层是100毫米厚的非金属材料。炮塔为铸钢件,各部位厚度不等,炮塔正面位置最厚。驾驶舱和战斗舱四壁装有含铅有机材料制成的衬层,厚度为20毫米~30毫米,具有防辐射和防快中子流的能力,同时还能减弱内层装甲破片飞溅造成的二次杀伤效应。此外,T72坦克炮塔前安装了12具烟幕弹发射器,车内也安装了三防装置、自动灭火装置等。

● 家族成员

T80坦克的设计基础是T72坦克,它是世界上最早以燃气轮机作为主发动机的坦克,这一改进使得T80拥有了很强的机动性,增强了战场生存概率。同时采用多种新材料和防护措施,其中有镶嵌反应装甲、被动式装甲板和模块附加装甲,既能抗打硬打击,还能防核效应和电磁脉冲。

战火铸造的"移动堡垒"
——"梅卡瓦"主战坦克

以色列"梅卡瓦"主战坦克是以色列于1967年开始研制的坦克。以色列自建国以来,战争就一直伴随着它,丰富的实战经验造就了以色列人与众不同的坦克设计理念。"梅卡瓦"是经历过战火洗礼的优秀战车,或许梅卡瓦不是最先进的,但它却非常适合中东地区的作战要求,该型坦克已发展了四代,是当今世界上最具活力、最有特色,是经历实战次数最多的主战坦克。

● 古怪的设计

"梅卡瓦"坦克是主战坦克中的一个传奇，它的设计思想与当今世界主流坦克截然相反，"防护第一，火力第二，机动性第三"的古怪思路。"梅卡瓦"的这些特点几乎颠覆了坦克传统设计常识。它独特的动力传动装置前置的总体布置方案，令世界上各国的坦克设计师投以惊异和怀疑的眼光。虽然人们对此投以惊异的目光，却也很快认可了这一另类，在每年世界主战坦克排行榜上，它排名的迅速攀升就是很好的证明。

● 防护第一

"梅卡瓦"坦克是闻着战火硝烟味儿设计和改进的，为了减少战地人员伤亡，贯彻"防护第一"这一理念，设计者把75%的车重都用于防护，而一般的主战坦克用于防护的重量仅占50%。从"梅卡瓦"Ⅰ到"梅卡瓦"Ⅳ的历次改进中，防护性能的增强始终是重中之重，哪怕是付出了战斗全重超标的代价也在所不惜。"梅卡瓦"的装甲防护技术一直令国际防务专家称赞。"梅卡瓦"Ⅳ模块式复合装甲组件采用了新的材料和新的结构形式，装甲防护力又有了新的提高。动力、传动系统前置是"梅卡瓦"坦克结构的一大特点，这使其运动速度非常快，跑起来可越过宽达3.56米的壕沟，还能爬37°以下的陡坡。为减少弹药爆炸引起的二次效应，车体前部和炮塔座圈以上部分不放置弹药……种种措施使它成为世界上最重视乘员生存力和防御的最好坦克。

● 首战成名

在1982年的第五次中东战争中，"梅卡瓦"坦克首战成名。入侵黎巴嫩的以色列"梅卡瓦"坦克击毁了9辆叙利亚的T72坦克，而其本身虽多次被击中，却凭借良好的防护性能无一人伤亡，在打破了T72坦克不可战胜的神话同时又制造了"梅卡瓦"不可摧毁的神话。在之后频繁的巴以冲突中它始终战斗在第一线，可谓是当今最有实战经验的主战坦克了。

● 不断革新

"梅卡瓦"系列坦克的前三代机动性都不太理想。"梅卡瓦"Ⅰ型坦克发动机的最大输出功率只有675千瓦，最大公路速度甚至不如"挑战者"。虽然改进型"梅卡瓦"Ⅲ换装了882千瓦柴油机，但由于其重量较大，其机动性能一直较差。在"梅卡瓦"Ⅳ坦克上，动力系统得到彻底的革新，履带、发动机和变速箱均有重大改进。在"梅卡瓦"Ⅳ上安装了一台由美国通用动力公司生产的，德国MTU公司研制的GD883柴油机，外型紧凑，最大输出功率达到1100千瓦。动力舱的尺寸和重量变化表现在整个车体前部的轮廓、车体重心位置改变，为此还重新调整了负重轮的间距。由于大功率发动机改善了"梅卡瓦"的机动性，使其三大性能进一步走向均衡，"梅卡瓦"Ⅳ不再是以往那种"剑走偏锋"的"以色列特色"。

重量级的英国"绅士"
——"挑战者"2主战坦克

英国"挑战者"2主战坦克是在"挑战者"1型基础上发展的，是英国陆军自第二次世界大战后设计的最强的主战坦克，这款坦克的最大特征就是64吨的战斗全重和世界最高水平的反弹能力。

● 超酷档案

英国"挑战者"2主战坦克，乘员4人，炮弹基数50发，时速56千米/小时，最大行程450千米。采用L30型最大射程为9千米的120毫米高膛压线膛炮；辅助武器为一挺同轴安装的7.62毫米机关炮和一门安装在炮塔上的7.62毫米机关枪。其炮塔采用了更高级的"乔巴姆"全新型装甲防护设计。

● 坚固堡垒

英国坦克历来将坦克的防护性放在第一位，该坦克车体和炮塔使用的"乔巴姆"装甲，是由两层钢板之间夹数层陶瓷材料组成，对破甲弹的防护力是均质钢装甲的3倍，被视为第二次世界大战以来坦克设计和防护方面取得的最显著成就，这种装甲对抗动能弹和化学弹的效能极佳。铸就了"挑战者"2的"金刚不坏"之身。"挑战者"2坦克的装甲可以对付反坦克武器的所有攻击。

● 电子装备

"挑战者"2特别重视电子装备。加装了新型数字处理系统、瞄准系统、传感器系统和火炮控制装置,车体和炮塔的构型均采用匿踪技术以降低雷达信号。火控系统的改进大大缩短了捕捉目标和射击的反应时间,赋予火炮对3000米固定目标和2000米活动目标射击的较高首发命中率。以后还将加入现在正在开发中的战场信息控制系统BICS和GPS全球卫星定位系统。这些改进将使"挑战者"2成为真正电子化的主战坦克。

● 背道而驰

"挑战者"2坦克是当今新式坦克中唯一使用120毫米线膛主炮的坦克,这是因为英国陆军一直对破甲弹的作战效能充满信心。当破甲弹击中坦克时,炮弹的高爆药会在瞬间形成1个圆形的"蛋糕",然后弹头底部的装药才爆炸。坦克车壁内因爆炸产生巨大破坏,碎片在乘员舱中飞蹿。由于破甲弹在飞行时必须依靠自旋稳定,所以不能用滑膛炮管发射,因此英国陆军坚持采用线膛炮管。虽然当初其作战能力受到质疑,可"挑战者"1在1991年的海湾战争中击毁伊军100多辆坦克而自身无一伤亡的战绩,坚定了英国采用线膛炮的信心。

● 马力十足

"挑战者"2装备一台12气缸882千瓦帕金斯柴油机和大卫·布朗TN54齿轮箱。不仅提高了发动机的功率,同时也提升了机动性。同时装备了第二代液气悬挂系统和液压式履带收紧装置。"挑战者"2的最大公路速度为59千米/小时,越野行驶速度为40千米/小时,该坦克的公路行程为450千米,越野行程为250千米,对于这样一辆64吨的超重型坦克来说是尤为难得。

● 家族成员

"挑战者"2E中的"E"为英语单词——出口(EXPORT)的第一个字母,在进行了6年多的研制工作之后,英国维克斯防务系统集团(VDS)已完成"挑战者"2E主战坦克最终的生产型。该坦克采用L30型120毫米旋膛炮,炮管寿命增至400发,内外弹道更加稳定使射击精确,L30炮与滑膛炮差别在于炮弹无尾翼稳定,可发射全口径高爆榴弹及其他弹种。

战车火力的"征服者"
——T90主战坦克

俄罗斯T90坦克是下塔吉克集团的T72改进型，由于性能比T72B2有很大提高，所以被命名为T90。它优良的作战能力，加上低廉的采购价格，使得不少发展中国家有意购买。1996年1月，据一位主管俄罗斯装甲兵的国防部高级官员证实，已决定逐渐将T90坦克变成俄罗斯武装部队使用的单一生产型坦克。

● 简单实用

T90实际是在T72B1的车体装上了T72B2的炮塔，并全面更新了火控系统构成的，是俄罗斯目前综合抗弹能力最强的坦克，由于使用了T72系列中最重的车体与炮塔进行组合，所以动力系统也更新了，可能是设计观念的问题，俄罗斯坦克与制作精美的西方坦克，甚至和中国坦克相比，外观粗糙、简陋，但是火力凶悍！俄罗斯人是典型的注重进攻不重防守。机动性极佳，而且如同俄罗斯其他武器一样，火力异常可怕，并且维修简单。

● 技术档案

T90坦克全重50吨，乘员3人。该坦克炮的弹药基数为39发，还可发射"映射"式反坦克导弹，备弹4枚。辅助武器为1挺7.62毫米并列机枪。T90主战坦克的防护系统改进包括炮塔的改进和加装"窗帘"式光电干扰系统，它的防护性能提高了34%~57%，对动能弹的防护水平相当于780毫米~810毫米均质钢装甲，西方现役的120毫米坦克炮很难击穿T90坦克的炮塔正面装甲。T90的最大时速是60千米/小时，最大行程470千米。车长和炮长各自拥有其全景稳定式热像仪，具有搜索、发现和指示目标的能力，即使在夜间，最大有效视距仍可达3700米。

● 防护系统

T90坦克上最明显的差别是装有"施托拉"光电干扰系统。该光电干扰系统可使导弹的命中概率降低75%，如"陶"式导弹、"龙"式导弹、"狱火"导弹等。使诸如"铜斑蛇"导弹的命中概率也降低75%~80%，使"霍特"导弹和"米兰"导弹的命中概率降低70%。该光电干扰系统也可削弱采用激光测距仪的敌方火炮或坦克炮的作战效能，又可为夜视系统提供照明。

太极猛虎
——K1主战坦克

韩国K1主战坦克是美国通用动力公司帮助韩国在M1的基础上设计的主战坦克，所以人们也称它为"克隆小M1A1"，由于二者相似，以至美国《陆军》杂志1993年第10期，曾在登载美驻韩第2步兵师M1坦克的地方，误用了韩国陆军K1坦克的照片。它是韩国陆军现役主战坦克，这种坦克适应了韩国多山地、多沼泽的地形。

● 匠心独具

K1坦克尽管与M1坦克相似，但在设计上又独具匠心，别具韩国特色。它最突出的特点是车体低矮紧凑，K1坦克与M1坦克相比，整体缩小，这种车型更适合韩国人，而且是从作战需要出发，用低车姿来降低坦克的中弹概率；K1坦克采用了德国MTU柴油发动机，单位压力小，仅为0.87千克/平方厘米，使其能在湿地或沙地上实施机动；车体可进行前后俯仰的变换，从而有利于主炮的俯仰和射击；K1坦克主炮的俯仰角为-10°~+20°，这有利于越出棱线以大俯角攻击位于谷底的敌方目标。朝鲜半岛多山，山地起伏多变，为适应韩国多山的地形条件和在这种地形中顺利射击，要求减轻车重以利于液压悬挂装置调整车高及车姿。K1主战坦克的战斗全重与重达54.545吨的M1主战坦克相比，重量减轻了3.4吨。

● 技术档案

K1坦克上安装了第三代坦克最先进的火控系统，主要由数字式弹道计算机、瞄准系统、传感器和伺服机构等组成，具有无论在静止时还是在行进间打击静止和活动目标的能力及夜间作战能力。K1主战坦克配用德国ZF公司生产的LSG3000型全自动变速箱，有4个前进档，2个倒档，从0加速到32千米/小时只需要9.4秒。该传动装置除采用机械式刹车外，还具有液压减速装置，可以使坦克在高速行驶情况下迅速停下来。

● 改进型K1A1主战坦克

K1A1坦克的主要特点是用120毫米火炮代替K1坦克的105毫米火炮，外观上除了炮管显得粗一些、火炮根部有圆形护盾外，其他基本没有变化。其车宽、车高与K1主战坦克完全相同，只是车长(炮向前)由7.67米增至9.71米。K1A1坦克还进行了其他改进，包括增强了装甲防护，战斗全重增至53.2吨。

"东西合璧"的佳作
——90式主战坦克

日本90式坦克是其自20世纪70年代末开始研制，于1990年定型。从外观看，该坦克表面光洁，零部件十分精巧、细致，与德国"豹"Ⅱ早期型十分类似，每侧减少一个负重轮，全重50吨，比西方主战坦克轻10吨左右，而且也紧凑些。虽然防护上比西方优秀主战坦克要低，但三大性能十分均衡，火力、机动性尤为突出，其可自动跟踪的指挥仪式火控系统在当时属世界领先的技术。

● 世界一流——价格昂贵

90式坦克从1975年开始研制到定型，历时15年之久。整个研制经费高达350亿日元，每辆价格为850万美元。90式坦克被日本人称为"世界上第一流的坦克"，也有人称它是"世界上最昂贵的坦克"。90式主战坦克在1997年世界主战坦克排行上名列榜首，在1998—2004年世界主战坦克排行榜上均居第三位，已跻身于世界先进坦克行列之中。90式坦克吸取了德国坦克火炮威力大、机动性能好的优点，又吸取了前苏联坦克总体布置紧凑、战斗全重较轻、乘员少等优点，再充分利用日本先进的电子技术，可称得上"东西合璧"的优秀坦克。

● 展示平台

90式坦克全重52吨，外观与德国的"豹"Ⅱ坦克极其相似。由于坦克配备了自动装弹机，因此乘员降至3名。该坦克装有性能先进的火控系统，由观察瞄准装置、测距仪、弹道计算机、直接瞄准装置和指挥仪式瞄准装置构成，该坦克的发动机最大功率为1100千瓦。坦克车体和炮塔均用轧制钢板焊接而成，在坦克的车体和炮塔前部均采用复合装甲，其他个别部位采用间隙装甲。车内隔舱化布置，装有自动灭火抑爆装置，弹药仓装有闸门，炮塔后面的顶部装有泄压板。该坦克具备三防装置，即使在全密闭的情况下也可战斗几小时，还装有激光探测装置。但90式的车首上装甲与炮塔间存在长达200毫米宽的卡弹区，是其防护上的最大弱点。

● 武器装备

90式火炮采用第三代坦克的标准120毫米滑膛炮，该火炮的炮管长是口径的44倍，装有热护套、抽气装置和炮口校正装置，还装有反后坐装置。该炮配有自动装弹机，可发射尾翼稳定脱壳穿甲弹和多用途破甲弹，弹药基数约40发。辅助武器为1挺安装在主炮左下方7.62毫米并列机枪，1挺12.7毫米高射机枪，但不能从车内进行操纵。

养在深闺的"武士"
——"阿琼"主战坦克

1972年，印度陆军提出用新型主战坦克替换正在生产中的胜利式坦克的要求，同年8月，印度战车研究院即开始新型主战坦克方案研究，该坦克起初称为MBT-80坦克，最后定名为"阿琼"式主战坦克，以印度教传说中的武士"阿琼"命名。但是，由于发动机国产化等问题使改型坦克的研发一拖再拖，直到现在还没有正式装备印度陆军部队。

● 曲折的研制历程

"阿琼"主战坦克是印度自行研发和制造的第三代坦克。1972年8月，印度战车研究院就开始新型主战坦克方案研究。1974年3月，印度政府正式批准研制该坦克，同时首次拨款1.55亿卢比。10年后的1984年3月，第一辆"阿琼"坦克样车制成，此时已支出3亿卢比。随后，该坦克研制计划一再延期，研制经费也一再追加，达29.2亿卢比，是第一次拨款的20倍。到1991年底,印度陆军参谋长对"阿琼"大为失望,要求中止整个计划。然而此时骑虎难下,印度陆军只好重新降低技术要求。但1995年的试验表明,"阿琼"连降低了的要求也难以满足。印度陆军称"阿琼"为"不适宜上战场",并拒绝签发定型证书。在1996年印度国庆检阅时,印度总理拉奥乘上一辆"阿琼"坦克,宣布研制成功,并在陆军的反对下,开始试生产第一批15辆坦克。不过,至今"阿琼"仍未能大量装备部队。

● 车辆电子系统

作为一种20世纪90年代末期投产的主战坦克,"阿琼"的电子系统采用了总线结构,其核心是MIL STD-1553B标准的数据总线,这与M1A2、M1A2SEP、"挑战者"2、"豹"ⅡA5、A6等相同。这样,就为"阿琼"MK.1将来接入更多和更先进的电子设备打下了基础,比如采用数据传输系统、发动机电子控制与监视系统等。"阿琼"MK.1坦克还采用了GPS导航,以及久经考验的跳频无线电技术,并配备了印度国防研究与发展组织研发的最先进的战场管理系统,使得它可以与其他作战单位进行实时沟通,实现协同作战。

● 火力装备

"阿琼"主战坦克配备一门120毫米线膛炮,配用由印度炸药研究院研制的尾翼稳定脱壳穿甲弹、榴弹、破甲弹、碎甲弹和发烟弹。因为这些炮弹用该院研制的新型高能弹发射,所以弹丸初速较高,穿甲弹的穿甲性能较好。辅助武器包括1挺并列机枪和1挺高射机枪,炮塔两侧各装1排电操纵的烟幕弹发射装置。与此同时,印度国防部门还在为"阿琼"主战坦克研发一种特殊的碎片炸弹,这种炸弹在接近目标时会自动爆炸,可以用于对付低空飞行的飞机,如武装直升机。

可以完全入水的"黑豹"
——XK2主战坦克

2007年3月2日,韩国新型XK2主战坦克在昌原市亮相。这是韩国自行研制的首款两栖作战坦克,这种新型两栖坦克能够完全没入水中,在世界上尚属首次。作为亚洲地区新研制的一种主战坦克，XK2主战坦克在先进性方面是无需质疑的，无论是火力还是机动性都可以说是该地区内的一流水平。与90式和T90型主战坦克相比，技术水平要先进不少，性能也大大超过这两款主战坦克。

● 能够打击直升机

XK2绰号为"黑豹"的主战坦克，依然是一种传统布局的炮塔型坦克，由装甲车体和炮塔两部分组成。重55吨，可承载3人，公路和越野时速分别超过70千米和50千米。坦克配备1门120毫米口径自动炮，它能够自动装填弹药和每分钟发射多达15发炮弹，还能打击直升机，另有多种警报系统保障人员安全。一个独特的系统可以让它在移动中发炮，即使在地势崎岖的地方亦不受影响。驾驶员位于车体左前方，车体中央是战斗舱，其上部是炮塔，车体后部是动力舱，内装发动机和传动装置。外形比K1系列的炮塔略微低矮、紧凑，由原来的三人制炮塔变成双人制炮塔。

● 出水后可马上投入战斗

"XK2"的另一个重要特点就是装备有韩国自主研发的"聪明攻击炮弹"，炮弹拥有制导和避开障碍的能力，还可以击中隐藏的目标。此外，通过使用一种特殊的通气管，"黑豹"可完全浸入水中，在最深达4.1米的水下行进，而且出水后可马上投入战斗。

● 武器系统

XK2的主要武器是莱茵金属公司生产的一门Rh120/L55型55倍口径120毫米滑膛炮，配有尾仓式自动装弹机，该型号自动装弹机是引进法国技术研制的。装弹机弹舱内的待发弹药约15发，可快速选择弹种进行装填，战斗射速至少能达到12发/分。一旦装弹机出现故障，炮长可人工操作排除故障，或者选择进行人工装填。由于车体和炮塔内部空间的改变，弹药在坦克内部存放的布局也跟着发生变化。由于减少了一名装填手，空间得到释放，主炮弹药基数增加到了40发，部分主炮弹药实现了隔舱化，该炮能在2000米距离外洞穿800毫米厚的均质钢装甲板。

步兵的羽翼
——装甲车

　　装甲车辆是指具有装甲防护能力和机动能力的战斗车辆和保障车辆的统称，是世界各国陆军的重要装备，是配有武器和拥有防护装甲的一种军用车辆，按行走方式可分为履带式装甲车和轮式装甲车。装甲车是坦克、步兵战车、装甲输送车、装甲侦察车、装甲工程保障车辆及各种带装甲的自行武器的统称。

● 步兵战车

　　步兵战车是供步兵机动作战用的装甲战斗车辆，既可以与其他装甲车辆共同战斗，也可以独立执行任务。装甲输送车上通常设有供乘车步兵使用的射击孔，步兵可以在车辆行进时射击。步兵战车主要协同坦克作战，到达战场后步兵需下车徒步战斗。能够快速运送步兵分队，消灭敌方的轻型装甲车、步兵反坦克火力点、有生力量和低空飞行目标。

● 装甲输送车

　　装甲输送车是设有载员舱的一种轻型装甲车辆。有履带式和轮式两种，大多数为水陆两用。由装甲车体、武器、通信设备、观察瞄准装置和推进系统等组成。主要用于战场上输送步兵，也可运输作战物资和器材。利用装甲输送车底盘可改装成装甲指挥车、装甲侦察车、装甲通信车、装甲抢救车、装甲救护车、装甲供弹车、坦克架桥车、坦克保养工程车、坦克修理工程车、坦克运输车等多种变型装甲车。

● 装甲指挥车

　　装甲指挥车是用于指挥作战的，配备多种电台和观察仪器。通常利用装甲输送车或步兵战车底盘改装，具有与基型车相同的机动性能和装甲防护力。多数装有机枪，乘员1~3人。其指挥室装有多部无线电台、1~3部接收机、一套多功能车内通话器、多种观察仪器以及工作台、图板等。可乘坐指挥员、参谋和电台操作人员2~8人。有的装甲指挥车还装有有线遥控装置、辅助发电机和附加帐篷等。由于陆军机械化、装甲化程度的提高，有些国家已把装甲指挥车列入装甲车族系列，并扩大了装备范围。

● 装甲扫雷车

扫雷车是装有扫雷器的坦克装甲车辆，用于在地雷场中为部队开辟道路。按扫雷方式，扫雷车可分为机械扫雷车、爆破扫雷车和机械爆破联合扫雷车，并可根据需要，在战斗前挂装不同扫雷器材。

超级无敌铁金刚
——M2型"布雷德利"步兵战车

"在过去的战斗中，美军没有任何一种武器表现得比'布雷德利'还要好。"——美国前国防部长迪克·切尼在海湾战争后说。M2型"布雷德利"步兵战车是一种全装甲全履带的战车，美国陆军不但可以使用"布雷德利"战车来侦察敌军位置，并将机械化部队运送到战场上，还可以协同M1主战坦克协同作战。"布雷德利"几乎成为快速攻防转换、强大反步兵火力以及随时可下车作战的美军步兵班组的代名词，而且M2型战车在海湾战争中经受住了考验，由此声名鹊起，身价倍增。

● 金刚之体

M2型步兵战车车体为铝合金装甲焊接结构。车首前上装甲和顶装甲采用5083铝合金，炮塔前上部和顶部对车首前下装甲均为钢装甲，侧部倾斜装甲采用7039铝合金，车体后部和两侧垂直装甲为间隙装甲。间隙装甲由外向内，第一层是6.35毫米的钢装甲，第二层为25.4毫米的间隙，第三层为6.35毫米的钢装甲，第四层是88.9毫米的间隙，最后一层为25.4毫米的铝装甲背板，总厚度152.4毫米。车底装甲采用5083铝合金，其前部1/3处挂有1层9.52毫米的钢装甲，用以防地雷。整个装甲能防14.5毫米枪弹和155毫米炮弹破片。

● 与狼共舞

M2步兵战车定员3人，最初的M2还可以运送7名全副武装的士兵。增强型M2A2可运送6名士兵。在战车内部，驾驶员坐在车身左前方的2/3半圆周俯仰座位上，车组人员只能通过潜望镜观察地形。驾驶员岗位上有4个潜望镜，而中间的潜望镜可切换成夜视仪。其中，1个可换成AN/VVS-2微光驾驶仪。车长位置上有一个M13A1过滤器，可以在遭到毒气袭击时供给呼吸气体。炮手坐在炮塔的左侧。装有机关炮的炮塔占据了"布雷德利"车顶的大部分空间。炮手可以使用双电源昼间瞄准镜、热像仪和潜望镜，还可以使用车长的光学中继显示装置。

● 主要武器

M2型"布雷德利"步兵战车的主要武器为1门25毫米的"大毒蛇"机关炮，采用双向单路供弹，可以选择不同的弹种，该炮既可发射"厄利空"25毫米炮弹，也可发射美国米790系列弹药，其中包括米791曳光教练弹，可单发也可连发。连发的射速有两种：一种为100发/秒，另一种为200发/秒。废弹壳可自动抛出炮塔外。辅助武器有1挺7.62毫米的米240C并列机枪，位于主炮右侧。车载武器还有2具"陶"式反坦克导弹，采用双管箱式发射架，内装待发弹2枚。该导弹能在3750米距离上击毁对方装甲。

● 战场显神威

在海湾战争刚结束时，美军中就有人说："与其说是M2步兵战车支援M1主战坦克作战，还不如说是M2战车发挥了与坦克相同的作用。"从可靠性来看，海湾战争中的M2系列战车的可用性达到了90%以上。从实际运用的效果和评价来看，在100小时的地面战斗中，"布雷德利"战车主要用于攻击伊拉克军队的坦克和步兵战车。

● 穿越水域

M2型步兵战车可以在5分钟内转换为两栖作战模式。最新的"布雷德利"车型M2A3和M3A3在前面和两侧都装有充气浮船，可以在水上采用履带划水推进。浮渡时，如果由受过训练的乘员操作装在车辆四周的折叠式围帐，5秒内即可升起。当该车挂附加装甲时，会使车辆过重，影响浮渡。为提高浮渡性能，设计者在车辆每侧裙板上增挂3个气囊，平时装在用铝装甲板制成的箱中。浮渡前由乘员从车内使用简易的压气机充气，充气所需时间不到4秒，浮渡时，所有气囊均潜入水下。

亚瑟王的新神剑
——"武士"步兵战车

英国GKW防务公司研制的"武士"步兵战车是一种履带式步兵战车，1984年正式列入英国陆军装备，除了可以运送作战部队，它还拥有自己的武器可以战斗。作为一种经历过海湾战争和伊拉克战争考验的步兵战车，说明"武士"的坚固性是经得起战争的考验的。

● **超酷档案**

"武士"步兵战车采用铝合金焊接结构，行驶速度达到75千米/小时，最大行程663千米。装甲可防御30毫米机关炮攻击，其双人炮塔装有30毫米"大毒蛇"Ⅱ型机关炮，具有单发、200发/分、400发/分三种射击模式。炮塔两侧装有4部发烟榴弹发射器。采用1台珀金斯发动机公司的康达CV8TCA柴油机，功率为404千瓦。载员舱在车体后部，可载全副武装士兵7人，每人均有单个座位，每人的装备可放在座椅下面或舱内其他栅格内。该车在装备满载时可持续作战48小时。

● **战争的洗礼**

1991年的海湾战争和2003年的伊拉克战争，"武士"两次披挂上阵，表现不俗。在海湾战争中，英军第7装甲旅的69辆"武士"步兵战车在经过96小时300千米的行军后，"所有战车都能投入战斗"，可靠性极高。在伊拉克战争中围攻巴士拉的战场上，英军的装甲战车遭到伊拉克军队的顽强抵抗，坦克和步兵战车也损失了几辆，但最终还是攻下了巴士拉，为美军的北上扫清了道路。在这两次战争中，参战的"武士"步兵战车都加装了附加装甲，对增强步兵战车的防护性、减少损失起到了很好的作用。

● **鲜明特写**

"武士"步兵战车的最大结构特点，就是取消了战车上的射击孔。这正延续了英国战车的传统，重视防护性能。虽然近年来越来越多的设计者逐渐认识到步兵战车的主要武器还是机枪，靠步兵手中的武器在颠簸的战场上的作用非常渺小，很多国家新研制的战车都有减少射击孔的趋势，可是像"武士"步兵战车这样1个孔都没有的，尚属首创。

● 沙漠"武士"

"沙漠武士"步兵战车是英国"武士"步兵战车的改进型，装有综合式空调装置和辅助动力装置，便于在沙漠炎热地带作战使用。"沙漠武士"的最大特点可以说是"英国的身子，美国的头"。采用"武士"的底盘，炮塔部分换装了美国德尔科防务系统分公司的LAV-25炮塔。主要武器是1门M242型"大毒蛇"25毫米链式机关炮，炮塔两侧各安装1具"陶"式反坦克导弹发射器。这样一来，"沙漠武士"就更像M2步兵战车了，具有同敌方主战坦克作战的能力。

● 升级"武士"

升级"武士"采用新型两人炮塔，这种炮塔用铝制装甲焊接，外部附加钛装甲层，加挂陶瓷装甲后可以防御30毫米尾翼稳定脱壳穿甲弹的攻击。安装有新型全稳定式40毫米"埋头弹"武器系统的"武士"步兵战车，具有昼夜作战能力，能够在更远的距离上攻击更多的目标，并具有较高的首发命中率。

陆战队员的"梦中情人"
——AAV7两栖装甲突击车

美国陆战师是美国海军陆战队地面作战的主要兵力，装备有数千辆的坦克和装甲车辆。其中，AAV7系列两栖突击车是陆战师两栖突击营的专用装备，每营编制有187辆。AAV7经过两次改进以后，与其他两栖装甲车相比，它的水上性能和装甲防护能力都属世界一流，其车载武器配置多样，可根据作战任务的需要，选择安装机枪、自动榴弹发射器或反坦克导弹等武器。

● 水陆两栖

AAV7两栖装甲突击车车体为5083铝合金装甲板整体焊接式全密封结构，能够防御轻武器、弹片和光辐射烧伤。车体外形呈流线型，能克服3米高的海浪，并能整车浸入波浪中10～15秒，车体外还可挂附加装甲提高其防护能力。浮渡时，车体后部两侧有两个喷水推进器，可以在它的驱动下前进，AAV7的两具水中推动器，在水上操作时，以喷射动力方式实施水中航行。该推进器为铝制混流式水泵，喷水口排水量52990升/秒。每个喷水口后面各装有一个电液控制的铰接导流器，由驾驶员用方向盘操纵，通过调转喷水方向，可使车辆在水中倒行、转向及绕自身轴线旋转，该车水上浮航时速为13千米。

● 总体布置

驾驶员车前左侧，有1个单扇后开舱盖、7个观察镜和1个M24红外液视潜望镜，车长位于车后左侧，前方有1个可升高的M17C潜望镜，以便越过驾驶员舱盖观察前方。动力舱位于车体最中央，全封闭炮塔安装在车前右侧，发动机旁边，塔上装有单扇后开舱盖，有9个观察镜、倍率为1倍和8倍的瞄准镜和1个直接周视瞄准镜。可以容纳25名全副武装的士兵，分坐在车后载员舱的3条长椅上。

● 家族成员

美国AAAV先进两栖突击车是美国为其海军陆战队执行21世纪的作战任务而专门研制的两栖装甲车辆。它的发动机功率为1800千瓦，比世界上功率最大的坦克发动机还要高出700千瓦，它的水上行驶速度是46.61千米/小时，是现役的AAV7两栖突击车的3倍。除了速度惊人外，AAAV的机动力也较上一代车种有大幅度提升，陆上机动力甚至不低于M1A1主战坦克，并搭配整体式数字化指挥控制系统，使其拥有与各级战术单位指挥协调的能力。AAAV两栖突击车装备有威力更强大的武器系统，该车可安装25毫米机关枪，这是一种很先进的武器系统，其强大火力可以摧毁未来投入服役的轻装甲车辆。AAAV先进两栖突击车还装有附加装甲，其装甲防护力接近AAV7的2倍，本身具有核生化防护能力。

● 水陆冲锋

AAV7两栖突击车不仅在水中行进自由，而且在陆上最大航行里程482千米，最高时速达72千米/小时，机动与越野性能较好。在打击性能方面，AAV7车右舷配备1具360°电动或手动回旋的武器站，内装同轴MK19型40榴弹枪、M2型50机枪各1挺，有效射程1500米、1830米，作战时可向步兵提供一定的火力支持，武器站后方还配备两组M25T烟雾弹发射器，可同时或分别发射8枚各式烟幕弹，掩护车辆免遭红外线导引武器攻击，安全防护能力较强。

红色铁骑士
——BMP系列步兵战车

BMP步兵战车于20世纪60年代初研制，1967年首次在红场阅兵式上展出。在近几十年来世界各地多次战争和局部冲突中，苏制BMP-1、BMP-2、BMP-3步兵战车表现出较强的战场生存能力和较高的战术技术性能的同时，也暴露出火力威力和机动能力弱、乘员舒适度差等弱点。作为主要研制生产商，俄罗斯库尔干机械制造股份公司近年来一直不断改进和完善该型战车使其质量提高、结构简单，更具可靠性。

● BMP-1步兵战车

前苏联BMP-1步兵战车战斗全重13吨，乘员为3人，可载员8人。最大速度65千米/小时，最大行程600千米，可在水上行驶。主要武器是一门73毫米滑膛炮，发射火箭增程弹，最大瞄准距离1300米，弹药基数40发，火炮炮身上有单轨反坦克弹发导弹。辅助武器有3挺7.62毫米机枪，一具40毫米火箭筒，还有供载员使用的8支7.62毫米冲锋枪。

● BMP-2步兵战车

1980年左右生产的BMP-2步兵战车是BMP-1的后继车型，战斗全重14.3吨，乘员为3人，可载员7人。主要武器为1门30毫米机关炮，另有AT-4和AT-5反坦克导弹发射器，7.62毫米并列机枪。动力装置为221千瓦的柴油机，最大时速为65千米/小时。目前世界上大约有30个国家装备了BMP-2步兵战车，是装备国家最多的战车之一。

● BMP-3步兵战车

BMP-3步兵战车是BMP-1/2步兵战车的后继车型，战斗全重18.7吨，乘员3人，载员7人，主要武器为1门100毫米火炮，能发射炮射导弹，另有1门并列安装的30毫米机关炮，3挺7.62毫米机枪，堪称是世界上火力最强大的步兵战车。除了强大的火力之外，BMP-3步兵战车在内部构件与火控系统上都精益求精，该型车采用功率为500马力的柴油机，最大时速70千米/小时，并拥有强制冷却系统、新型反应装甲与"阿罗妇"主动防御系统等。这些先进的设备使得BMP-3步兵战车如虎添翼。

● BMP"眼镜蛇"步兵战车

BMP"眼镜蛇"步兵战车是俄罗斯最新研制的BMP型步兵战车。该型车装有结构紧凑的30毫米炮塔，车身两侧有附加的反应装甲，提高了其防护能力。

● BMPT坦克支援车

BMPT坦克支援车采用了T-72主战坦克底盘，可以有效对抗反坦克小组、低空飞机和直升机，主要用于协助坦克作战，同时也可以完成维和与反恐等军事任务。该车最突出的特点就是炮塔上的武器系统具有的最优化结构，其火力超强，甚至超过某些现代主战坦克的优异防护性能。该车装备有一门双管30毫米机关炮，一挺7.62毫米并列机枪，两具遥控30毫米自动榴弹发射器，四联装反坦克导弹发射器。自动火控系统配备了热成像瞄准镜，具备射击和侦察能力。俄罗斯将把它发展成主战武器，而不只是可有可无的"坦克伴侣"，这在世界上还属首次。

虎豹群中的新猛兽
——"黄鼠狼"步兵战车

德国人向来喜欢以动物来命名装甲战车，尤其喜欢以凶猛的动物命名。早在第二次世界大战期间，德国人就研制出"黑豹"战斗坦克、"虎"式重型坦克，还有"象"式、"犀牛"、"黄蜂"、"野蜂"、"强虎"、"鼠"式等装甲战车。二战之后，德国人先后研制出世界知名的"豹"Ⅰ、"豹"Ⅱ主战坦克，外加"猎豹"、"山猫"、"鼬鼠"、"海狸"、"非洲小狐"等装甲车辆。在这个"动物园"里，还有一个很有名的成员，它就是"黄鼠狼"步兵战车。

● 老资格的"黄鼠狼"

"黄鼠狼"步兵战车,是西方国家军队中最早装备的步兵战车。世界上最早装备部队的步兵战车,是前苏联的BMP-1步兵战车,1966年开始装备苏军。在西方国家中,真正最早独立研制并装备部队的步兵战车,要数"黄鼠狼"了。黄鼠狼"步兵战车于1970年5月正式装备联邦德国陆军。到1975年,预计的总生产量已全部完成,总共生产了2136辆,成为德军装甲旅和摩托化步兵旅的重要装备。在德国维和部队中,也每每能见到"黄鼠狼"的身影。

● 最重的"黄鼠狼"

"黄鼠狼"步兵战车最突出的亮点是,它是世界上最重的步兵战车之一,战斗全重达到28.2吨,比后来装备部队的美国M2、英国"武士"、日本89式、俄罗斯BMP-3和瑞典CV90等步兵战车还要重。在世界步兵战车家族中,只有以色列的"阿奇扎里特"步兵战车(44吨)比它重,"黄鼠狼"步兵战车可以算得上是战车中"大哥大"了。车长为6.79米,车宽3.24米,车高为2.985米,车体顶部高1.9米,车底距地高440毫米。车体和炮塔高度较高,主要是考虑欧洲人高大、强调乘坐舒适性的结果,这和苏制步兵战车过分强调外形低矮,形成鲜明对比。

● 总体布置

"黄鼠狼"在总体布置上,驾驶员席位于车体前部左侧,有1扇向右开启的舱门,3副潜望镜中居中的1副可换为被动式夜间观察镜。驾驶员后边座有1名乘员,它也有1扇向右开启的舱门和1副360°旋转的潜望镜。驾驶员的右侧是动力舱,装有发动机和变速箱等。中部为战斗室,装有双人炮塔、20毫米机关炮、并列机枪等,车长位于炮塔内右侧,炮长位于左侧,各有1个顶部舱门。后部为载员室,有2条长椅,6名载员背靠背而坐。长椅可以放平,可供4名载员躺下休息。在载员室的两侧,每侧各有2个球形射击孔和3副潜望镜。载员室顶部有4个舱门,开启方向各不相同。在车体后部有1个跳板式后门。

● "黄鼠狼"族谱

"黄鼠狼"有一个庞大的家族,除有A1、A1A、A2、A3四种改进型（有时为了和后来的"黄鼠狼"Ⅱ型相区别，也称为"黄鼠狼"1A1、1A1A、1A2、1A3型）外还有十多种变型车，其中有的已陆续淘汰，诸如自行高炮、多管火箭炮、长剑防空导弹发射车、自行迫击炮、炮兵观察车、救护车与运货车等。

第一种"轮式坦克"
——"半人马座"坦克歼击车

20世纪80年代初期，为了替换美制的M60主战坦克等老旧装甲战车，意大利军方提出了新一代装甲战车研制计划。奥托·梅莱拉公司与依维克·菲亚特公司合作开展了此项研制工作，"半人马座"轮式坦克歼击车由此诞生。其轮式底盘出色的公路机动性和较好的越野机动性，使它能够独立执行侦察和反坦克作战任务。"半人马座"的出现不仅满足了意大利陆军的自身需求，而且它所创立的"轮式坦克"新概念对各国轮式装甲战斗车辆产生了不小的影响，它的成功也给世人带来了巨大的启示。

● 轮式坦克

"半人马座"坦克歼击车的诞生创立了武器装备的一个新概念——轮式坦克。它的火力、观瞄能力、公路及越野机动能力、防护水平以及三防性能均可与主战坦克相媲美，该车按照机动性、火力、防护的顺序来设计，打破了主战坦克设计最先考虑火力、其次防护、最后才是机动性的顺序，因而在机动性与火力两方面比较突出，作战性能达到了相当高的程度。"半人马座"坦克歼击车采用8×8底盘，并且采用了大尺寸防弹轮胎，可以获得较大的承载能力、舒适性以及机动性；底盘有效载荷可达到8吨，动力装置采用了依维柯公司的6V-TCA型涡轮增压柴油机，功率为383千瓦，车辆最大行驶速度超过105千米／时。此外，全部车轮都采用泄气保用轮胎，并装有中央轮胎充放气系统。

● 火力系统

新型"半人马座"采用120毫米滑膛炮代替了原有的105毫米线膛炮。所装备的火炮能够发射与"公羊"主战坦克相同的120毫米炮弹，与它们不同的是新型车辆的火炮为45倍口径而不是44倍口径。其炮管采用了最新型高硬度炮钢，达到了现代化坦克炮的用钢水平。炮管为自紧式，并进行了镀铬处理，配备有抽烟筒和热护套。为了降低后坐力，火炮安装了新型"胡椒罐"式炮口制退器(代替了105毫米火炮的槽式制退器)，将制退效率提高了25%~30%。火炮的后坐距离为550毫米，它的后坐力与整车的质量协调一致。"半人马座"载弹量为火炮弹架9发，车体内26发。除主炮外，炮塔还配备了7.62毫米并列机枪和一挺安装车长舱口的相同口径机枪。炮塔正面两侧各有4具80毫米加里克斯烟雾弹发射器。

● 防护性能

"半人马座"能够抵御14.5毫米重机枪在近距离内发射的穿甲弹。其基本装甲还能承受6千克TNT炸药在任何一个车轮下面爆炸以及3千克TNT炸药在车底部爆炸所产生的冲击。加装附加装甲后，整车的重量增加到28吨，能够抵御从车首60°正面弧形区域内射入的25毫米尾翼稳定脱壳穿甲弹，甚至能够抵御更大口径穿甲弹药的打击。同时每个车轮能够承受8千克TNT炸药的冲击，车底部能够承受6千克TNT炸药的爆炸。炮塔后部安装有装甲炮塔篮。其外炮塔尾舱内装有三防装置，可以为乘员提供净化的空气，乘员无须佩戴防毒面具。车上还安装有一体式的空调系统，在外界环境为-30℃~44℃间时，车内能保持适宜的温度，以助于提高作战效率。

21世纪的森林"棕熊"
——CV90步兵战车族

瑞典CV90步兵战车是为了满足瑞典陆军的需求于1978年研制的，并在此基础上发展自行高炮、装甲人员输送车、装甲指挥车、装甲观察指挥车、自行迫击炮和装甲抢救车等变型车。如今，CV90系列车族已发展成为三大系列，包括步兵战斗车、装甲指挥车、自行迫击炮和装甲抢救车等数十种变型车的庞大车族。

● 军方要求

瑞典CV90是应瑞典军方的要求，特定研制的战车，军方要求战斗全重不超过20吨，具备良好的战术机动性，适合在瑞典北部严寒、深雪、薄冰和沼泽地带作战；能较好地对付装甲目标；具有较高防空能力；在规定的战斗全重与成本的前提下增强防护力，车体前部能防30毫米炮弹，车体底部能防地雷；具有一定的战略机动性，能用铁路和民用平板卡车运输，易于保养维修和具有发展潜力等。

● 小国出强车

CV90步兵战车族的体积较小，车长6.4米、宽3.2米、高1.64米，但车内空间较大，安装单人炮塔时可乘坐10人，安装双人炮塔时也可乘坐7~8人，公路最大速度达到70千米/小时。装有7对负重轮，从而减小了车辆对地面的压力，增强了CV90对各种地形的适应能力。该车族的基型车车体采用钢装甲结构，可挂装反应式装甲，提高了防护能力，可以抵挡23毫米穿甲弹的攻击。配有火力较强的40毫米机关炮，还有1挺7.62毫米并列机枪。CV90在火力、防护和机动性三个方面在当代同类战车中都堪称"强大"，可谓小国出强车。

● 超级电子眼

CV90步兵战车族的推进系统非常有特色，它的单位压力只有0.05兆帕，使得它可以在冰雪地面和沼泽地面行走如燕，并且CV90战车上装有浮渡装置，可以使它在水面上行使。它的雷达为"犬鹰"式脉冲多普勒系统，可探测的距离为14千米，能够按照目标威胁的大小确定攻击的排列顺序。

● 小车扛大炮

CV90-120轻型坦克配备1门CTG120毫米L50型50倍口径高膛压、低后坐力双向稳定滑膛炮，备弹45发，可发射北约DM33炮弹和尾翼稳定脱壳穿甲弹，炮口初速1680米/秒。该坦克含炮管长8.9米，宽3.2米，底盘长6.6米，最大自重35吨，最高速度40千米/小时，主炮最高射速14发/分钟，持续射击速度为12发/分钟。辅助武器为7.62毫米和12.7毫米口径机枪。该车安装有能够有效防御制导武器和反坦克火箭弹攻击的主动装甲，经过完善的防红外探测隔板，以及适合城市作战的全新涂层。不但能够探测和识别来袭目标，还能在近距离将其拦截。

● 销售战绩

CV90在欧洲市场上是非常有竞争实力的战车，这与该车灵活的结构设计是分不开的，该车可以根据单个用户的特殊需求，进行特别的配置。目前，CV90系列步兵战车已经成功的装备到挪威、芬兰、瑞士、荷兰、丹麦等国家，多达1170辆。据悉，该车在欧洲还有很大的潜在市场。

可以"飞翔"的小精灵
——"鼬鼠"空降战车

当今世界各国的装甲战车中，德国研制的"鼬鼠"空降战车独树一帜，以"小巧玲珑，体轻如燕"著称，堪称现役装备中重量最轻的履带式装甲战车。别看"鼬鼠"车小巧玲珑，很不起眼。但是，它的研制过程却用了20年的时间，真可谓"20年铸一车"。目前已由"鼬鼠"1代发展到了"鼬鼠"2代。"鼬鼠"系列空降战车的显著特点是轻便灵活，便于空运，具有较高的机动性。

● 2代"鼬鼠"

"鼬鼠"2空降战车是在"鼬鼠"1的基础上车身稍微加长，车重稍有增加，行动部分增加了1对负重轮。"鼬鼠"2除了可装20毫米机关炮和反坦克导弹作为武器平台外，因其战斗室较大，还能搭载3~5名步兵，变型为1辆小型装甲人员输送车，也可变型为侦察车、指挥控制车、迫击炮车和救护车。"鼬鼠"2空降战车可根据需要装备三防装置。该车最大行驶速度70千米/小时，最大行程550千米，可由CH-47D、CH-53直升机或运输机空运，也可由CH-47和CH-53直升机吊运。"鼬鼠"2战车可根据变型车任务的不同选装多种武器，如7.62毫米和12.7毫米机枪、反坦克导弹、20毫米机关炮、防空导弹、120毫米迫击炮等，成为小巧玲珑的多用途战车。

● 群体作战

德国"鼬鼠"2空降迫击炮作战系统是一种设备齐全的多车辆武器系统，由6种不同配置的"鼬鼠"2轻型装甲车组成，包括前观车、连级指挥车、火控车、排级指挥车、前沿控制车和120毫米迫击炮。这是一种把轻型迫击炮与"鼬鼠"2装甲侦察车、C4I车辆相结合的创新性概念，是一种针对未来作战环境的网络化系统，部队可在网络化联合作战环境中发挥其高机动性和优异的发射后迅速撤离的能力，以此显著提高空降部队的作战效能。

舰 船

没落的海上霸主
——战列舰

战列舰亦称战斗舰，是以大口径舰炮为主要武器，具有很强的装甲防护和较强的突击威力的大型水面军舰。战列舰在第二次世界大战中曾是舰队的主力舰，在海战中通常是由多艘战列舰列成单纵队进行炮战，"战列舰"由此而得名。第二次世界大战后，随着航空兵的崛起和核武器、导弹的出现，各国的战列舰均退出现役，作为一个舰种它已基本消亡。唯有美国海军，于1979年花费了17亿美元改装费，将已经封存的4艘"依阿华"级战列舰启封服役。

● "依阿华"级战列舰

美国"依阿华"级战列舰建于第二次世界大战期间，共建4艘，即"依阿华"号、"新泽西"号、"密苏里"号和"威斯康星"号。它们是目前仅存的唯一一级战列舰。该级舰曾参加过侵朝战争、越南战争以及海湾战争，并发挥了重要作用。1991年海湾战争中，改装后的"依阿华"级战列舰被再次投入到战斗中，对伊拉克实施攻击的第一枚巡航导弹，就是从"威斯康星"号战列舰上发出的。"依阿华"级战列舰其满载排水量为58000吨，动力装置由8座锅炉和4台汽轮机组成，采用四轴推进方式，总功率为155820千瓦，舰长270.4米，舰宽33米，航速35节。该舰艇在参战时可与航空母舰战斗群一起投入战斗，也可与巡航舰和驱逐舰编成独立的水面战斗群，执行制海、反舰、对岸轰击任务。

● "大和"级战列舰

世界上最大的战列舰是日本于第二次世界大战期间建造的"大和"和"武藏"号战列舰，满载排水量为72800吨，最大航速为50千米/小时，舰上装有3联457毫米主炮9门，炮弹重达1460千克，还有12门3联装155毫米副炮和12门双联装128毫米平高两用炮。"武藏"号在

1944年10月24日，"大和"号在1945年4月6日，先后被美军飞机击沉，这也同样标志着战列舰的没落，它在海战中的地位被航空母舰所取代。

● "俾斯麦"级战列舰

"俾斯麦"号战列舰是第二次世界大战中德国海军作战最强大的战列舰之一。是以德国"铁血宰相"俾斯麦的名字命名的。于1935年动工，1940年建成服役。它最高航速高达29节，排水量4.2万吨，舰上人员1600名。舰上武器有8门381毫米口径主火炮，12门150毫米口径副火炮，16门104毫米口径高射炮，并搭载4架水上飞机和6具533毫米的鱼雷管，火力异常强劲，其舷装甲最厚处320毫米。无论从性能或是战斗能力上都超越了当时英国同类军舰，被英国人称作"魔鬼俾斯麦"。在第二次世界大战中，德国用此舰袭击大西洋交通线，1941年5月27日被英国的"罗德尼"和"英皇乔治五世"为首的舰队击沉。

蓝水捕鲸者
——巡洋舰

巡洋舰是一种主要在远洋活动，具有多种作战能力的大型军舰，是海军战斗舰艇的主要舰总之一。排水量在6000吨~20000吨，航速30~35节，是在排水量、火力、装甲防护等方面仅次于战列舰的大型水面舰艇，但比驱逐舰排水量大、武器多、威力强。巡洋舰能在恶劣气象条件下进行远洋机动作战，适航性和操纵性好。通常由数艘组成编队，或参加航空母舰编队担任翼侧掩护、攻击敌军舰船、反潜和压制岸上目标、支援登陆作战、掩护己方反舰艇扫雷或布雷，以及防空、反潜、警戒、巡逻等。

● 早期巡洋舰的分类

第二次世界大战时期的巡洋舰以大吨位，大口径炮为特点，与战列舰一起称雄于海上。主要有三种类型：一种重型巡洋舰，排水量2万吨~4万吨，航速32~34节，续航能力1万海里以上，能与战列舰、航空母舰编队在远洋协同作战；第二种是轻巡洋舰，排水量1万吨左右，航速

35节，续航能力1万海里，具有与其他大型舰艇远洋作战的能力；第三种是辅助巡洋舰，是用快速商船和辅助舰只改装而成的，排水量几千吨，航速20节。

● 现代巡洋舰

第二次世界大战以后，随着核动力、导弹武器和电子装备的大量装舰使用，巡洋舰的发展出现了新的情况，即不再追求大口径舰炮和过高的航速，而是在武器和电子设备上下工夫。现代巡洋舰排水量一般在0.8万吨~3万吨，装备有导弹、火炮、鱼雷等武器。大部分巡洋舰可携带直升机。动力装置多采用蒸汽轮机，少数采用核动力装置。目前巡洋舰已成为以导弹为主要武器的大型军舰，部分国家甚至建造了以核动力推进的巡洋舰。

● 三大流派

对于巡洋舰的未来发展有来自三大流派的不同观点：美国派，他们仍然坚持巡洋舰以护卫、巡逻、警戒为主的原则，重点发展为航母护航的防空型巡洋舰；俄罗斯派，他们认为发展巡洋舰的目的不是为大舰护航，主要是让其形成海上编队，进行攻防作战；还有一些西方国家为主的流派，他们认为既然巡洋舰、驱逐舰和护卫舰装备的武器相同，采用的动力相仿，电子装备和舰体结构也十分雷同，没有必要专门发展巡洋舰。

"提康德罗加"级
——巡洋舰

美国海军的"提康德罗加"级导弹巡洋舰可谓名震天下。它头上戴有多顶"桂冠"，诸如："当代最先进的巡洋舰"、"具有划时代的战斗力和生命力"等头衔。这些美称的得来是因为该级舰装备了极为先进的"宙斯盾"防空系统，该系统可以对从潜艇、飞机和水面战舰上等各个方向袭来的大批导弹进行及时探测并有效地应对，具备高效的防空性能和强大的对地攻击能力，成为了一种战略性的武器平台，这是当代巡洋舰，乃至当代水面舰艇防空能力飞跃性提高的一个重要标志。

● 超级档案

该级舰长 171.8 米，宽 16.8 米，吃水 9.5 米。动力装置由 4 台通用电气公司的 LM2500 型燃气轮机组成，采用双轴推进方式，总功率为 58800 千瓦。满载排水量为 9600 吨，最大航速为 33 节，当航速为 20 节时，续航力为 6000 海里。共装有 22 台先进的计算机，构成了整艘军舰的"中枢神经"。

● 宙斯神盾

"宙斯盾"系统可以对周围的全空域进行多目标搜索与警戒。它不仅在对空作战中具有先进的功能，在对海、对岸作战和反潜作战中也能提供威胁进行判断和决策、武器分配和协调的功能。可以在开机后的 18 秒内对 400 个目标进行搜索，跟踪 100 个目标，并指挥 12～16 枚导弹攻击敌人。它是一个以防空为主的全舰武器的综合指挥和火控系统，它有对空、对海、对岸和反潜作战能力，把探测、跟踪、威胁判断与决策、武器分配和协调、对空导弹的火控有机地综合在一起，形成一个快速反应、能抗击空中炮火攻击的综合作战系统，是当之无愧的神之盾牌。

● 双重令牌

"提康德罗加"级巡洋舰是目前防空性能最为优秀的战舰，该级舰至今共建 27 艘，前 5 艘装备 2 座 MK-26-5 型双联导弹发射装置，从第 6 艘开始全部使用先进的 MK-41 型导弹垂直发射系统，平均 1 秒钟就可以发射 1 枚导弹，"标准"导弹的携带量也增加到了 122 枚，该系统可使"宙斯盾"的威力得到充分发挥，两者的结合，构成了一道很难攻破的"空中令牌"。此外，还装备 2 座 20 毫米"密集阵"近程防空武器系统的 127 毫米全自动舰炮。

● 战功史录

1991 年海湾战争，美国海军共出动 10 艘"提康德罗加"级巡洋舰参战，并首次在实战中使用了"战斧"巡航导弹。1999 年的科索沃战争期间，美国海军又出动了 3 艘"提康德罗加"级导弹巡洋舰。在首轮空袭中，是该级"菲律宾海"号发射出的第一枚"战斧"巡航导弹拉开了整个战争行动的序幕。第一波次打击中，共发射一百多枚巡航导弹。

"基洛夫"级

——巡洋舰

"基洛夫"级巡洋舰是前苏联20世纪80年代发展的第一型核动力导弹巡洋舰，主要任务是参加航母编队，充当护卫兵力，或与其他巡洋舰和驱逐舰组成导弹巡洋舰编队攻击敌方舰艇，破坏交通线，也可在两栖作战中掩护兵力。

● 超酷档案

"基洛夫"级巡洋舰共建造四艘。分别是首舰"乌沙科夫海军上将"号、第二艘"拉扎耶夫海军上将"号、第三艘"纳希莫夫海军上将"号、第四艘"彼得大帝"号。首舰突出反潜能力；第三艘则强化防空性能，第四艘"彼得大帝"号，被称为前苏联海军的巅峰之作，装备了当时最先进、最完整的作战信息系统、通信系统、武器系统、传感器系统和电子战系统等，具有超强大的综合作战能力。目前，仅有"纳希莫夫海军上将"号和"彼得大帝"号保持作战能力，服役于俄海军北方舰队。该级舰长252米，宽28.5米，吃水9.1米，标准排水量19000吨，航速在30节时的续航力为14000海里。

● 巡洋舰巨无霸

"基洛夫"级巡洋舰是第二次世界大战结束后世界上建造的最大的巡洋舰，它的满载排水量达到了2.43万吨，几乎是美国"提康德罗加"级巡洋舰的2.5倍。其吨位之大、火力之强，一度使各国海军为之震惊。《简氏防务周刊》将其定级为"战列巡洋舰"，直到今天，它仍然是世界上威力最为强大的水面战舰。

● 海上武库

该级巡洋舰，舰载几乎涵盖了所有海上作战武器系统，具有提供舰队防空和反潜，与敌方大型水面舰艇交战，甚至包括打击大型航空母舰的能力。该舰装备2座5联装533毫米鱼雷发射管，和2座6管RBU1000反潜火箭发射器，射程1000米。首舰"乌沙科夫海军上将"号配备的是12管的RUB6000火箭式深弹发射装置，还装备有SSN-19远程反舰系统、

AK-130 DP多用途双管舰炮和SSN反舰、反潜垂直发射导弹系统等大型武器装备。当"基洛夫"级巡洋舰与敌方航母相遇后，可以按照前苏联海军制定的作战原则，在1分钟内将自己装备的220枚SSN-19反舰导弹全部射出。这种重量达到7000千克、战斗部为35万吨当量的核弹头可以让航母瞬间毁灭。"基洛夫"级巡洋舰一直被世界各国广泛借鉴。

● 美中不足

虽然"基洛夫"级巡洋舰的战斗能力凶猛，对舰、对空、对潜都有强大的火力攻势，且作战覆盖面积广，但由于体积过于庞大，造价昂贵，且没有装备"相控阵"雷达，其防空能力稍逊于美国海军的"提康德罗加"级巡洋舰，不具备远程对陆攻击能力。因此前苏联开始发展较小的常规动力"光荣"级导弹巡洋舰。从俄罗斯巡洋舰的作战使命来全面衡量，它的综合作战能力无疑是俄海军编队的作战和指挥核心，它的作用是其他舰艇所无法替代的，被视为世界海军舰艇发展史上的经典之作。

海战多面手
——驱逐舰

驱逐舰是一种多用途的舰艇，它是19世纪90年代以来海军重要的舰种之一，以导弹、鱼雷、舰炮等为主要武器，具有多种作战能力的中型军舰。它是海军舰队中突击力较强的舰种之一，用于攻击潜艇和水面舰船、舰队防空、护航、侦察巡逻警戒、布雷、袭击岸上目标等，是现代海军舰艇中，用途最广泛、数量最多的舰艇。

● 驱逐舰的起源

19世纪末，各国海军都是以"巨舰大炮"编成的舰队，但在鱼雷艇的攻击下却显得手忙脚乱，摆布不开。为了对付这种小吨位、航速高、威力大的战斗小艇，就必须有相应的战舰。大型的战舰目标大，航速低，机动性差，很难与鱼雷艇周旋。1892年，英国人提出建造一种吨位小、战斗力强、速度快、能对付鱼雷艇的战舰，并于1893年建造了这种战舰，以后各国海军也相继装备了驱逐舰。

● 驱逐舰的演变

第二次世界大战结束后，驱逐舰发生了巨大的变化，驱逐舰因其具备多功能性而备受各国海军重视。以鱼雷攻击来对付敌人水面舰队的作战方式已经不再是驱逐舰的首要任务。反潜作战上升为其主要任务，鱼雷武器主要被用做反潜作战，防空专用的火炮逐渐成为驱逐舰的标准装备，而且驱逐舰的排水量不断加大。20世纪50年代，美国建造的"薛尔曼"级驱逐舰以及超大型的"诺福克"级驱逐舰（被称为"驱逐领舰"）就体现了这种趋势。

● 现代驱逐舰

现代驱逐舰装备有防空、反潜、对海等多种武器，既能在海军舰艇编队担任进攻性的突击任务，又能担任作战编队的防空、反潜护卫任务，还可在登陆、抗登陆作战中担任支援兵力，以及担任巡逻、警戒、侦察、海上封锁和海上救援等任务。舰体空间增大、舰上条件逐步改善。现代驱逐舰的舰员们也不再像其前辈那样，在简陋而狭窄、颠簸剧烈的舱室中用他们的英勇和胆量经历艰苦的磨难，而是在舒适的、封闭的舱室中值勤，利用自动化技术操纵他们的战舰。驱逐舰从过去一个力量单薄的小型舰艇，已经发展成为一种多用途的中型军舰。

"阿利·伯克"级
——驱逐舰

"阿利·伯克"级导弹驱逐舰，在世界海军中可谓是声名显赫。它是世界上第一艘装备"宙斯盾"系统并全面采用隐形设计的驱逐舰，武器装备、电子设备均高度智能化，具有对陆、对海、对空和反潜的全面作战能力，代表了美国海军驱逐舰的最高水平，堪称尖端之舰、典范之作，是当代水面舰艇当之无愧的"代表作"。

● 兴旺的家族

该级首舰"阿利·伯克"号于1988年12月研制，1991年7月正式服役。这是一个兴旺的大家族，不仅建造数量大，型号也多，所以又分为几个子级别（或称"批"）：DDG-51Ⅰ型（该批共建21艘，DDG-51至71）、DDG-51Ⅱ型（该批共建7艘，DDG-72至78，首舰"马汉"号1997年10月服役）和DDG-51ⅡA型（建造10艘，首舰DDG-79"奥斯汀"号已于2000年服役），未来可能还将会有新的型别。它们都具有相同的舰体和动力装置，不同之处主要表现在武器装备的改进和更多高新技术的应用。该级舰舰长153.8米，（ⅡA型为155.3米），宽20.4米，吃水6.3米，满载排水量8422吨（ⅡA型为9217吨）。主机为4台LM-2500燃汽轮机，总功率7.72万千瓦，最高航速32节，航速在20节时的续航力为4400海里，并设直升机平台。全舰员编制303人（ⅡA型380人），其中军官23人（ⅡA型32人）。

● 武器装备

该舰武器装备有2座MK41型垂直发射系统，可发射"标准"SM2舰空导弹、"战斧"巡航导弹和"阿斯洛克"反潜导弹，还有2座"捕鲸叉"反舰导弹发射架；反潜武器装备有2座MK32型鱼雷发射管；舰炮武器装备有2座MK16型"密集阵"近程武器系统和1座单管127毫米炮。该舰可构成远中近三层防空网，远程防空由"宙斯盾"导弹系统担任；中程防空由单管127毫米炮担任；近程防空由密集阵近程武器系统和MK36干扰火箭进行拦截和对抗。

● 设计独特

该级舰采用了一种少见的宽短线形，这种线形具有极佳的适航性、抗风浪稳定性，能在恶劣航海下保持高速航行。它也是美国海军按隐身要求设计的一种水面舰艇。舰体和上层建筑均为倾斜面，可以大幅减弱回波信号，并且在烟囱的排烟管末端安装红外抑制装置，以降低红外辐射量。

"勇敢"级45型
——驱逐舰

马岛海战后，英国为了替换"谢菲尔德"级42型驱逐舰，海军自行研制了45型"勇敢"级防空、战斗驱逐舰，该舰受益于"地平线"护卫舰计划，比如主动防空导弹系统、武器装备系统和船舶的一些内部体系结构。它的主要任务是提供局部区域舰队防御，使用远程雷达对区域防空。战舰的战斗系统也有能力管理飞机和特混舰队的联合防空战斗操作，发挥指挥舰的作用。

● 关键装备

"勇敢"级45型驱逐舰的关键装备包括"紫菀"30主动寻的舰空导弹、"大力士"多功能雷达、48管SYLVER垂直发射系统、核心指挥控制系统、S1850M远程雷达。S1850M远程雷达可以提供大范围搜索能力，为舰载战斗系统提供海空态势数据。"大力士"多功能雷达和"紫菀"30导弹的结合是提高区域防御能力的关键。"大力士"是一种先进的主动基阵雷达，使用双平面旋转天线和新型的自适应波束技术，可以不受敌方干扰影响，增加了有效使用距离，能预先探测到隐形飞机和掠海飞行导弹。"大力士"之所以被描述为多功能雷达，是因为它能完成监视、多目标跟踪和多通道发射控制任务。这种雷达还可以把中途导引控制连接到超音速导弹"紫菀"30导弹上，直到导弹主动雷达自导头启动，进行末端导引和拦截。"紫菀"30的关键特点是它非常灵活，这种导弹能以超过50倍的重力加速度机动，并装备了新型的控制仪器，把拦截段的脱靶量减到最小。

● 发展策略

英国海军"勇敢"级45型驱逐舰的主要任务是提供局部区域舰队防御，使用远程雷达和具有广泛的区域防空能力。45型装备的武器系统能拦截各种空中威胁，包括非常敏捷、机动操纵具有重新攻击模式的高性能反舰导弹，并配备近战武器系统用于末层防御。装备的先进主动防空导弹系统能有效保护战舰，防御单枚或同时多枚导弹的进攻，具有控制多枚同时升空拦截导弹的能力。为了未来战争的需求，45型也提供巡航导弹如战斧和反弹道导弹，45型将搭载一架英国海军EH 101"灰背隼" MK 1型三发多用途重型舰载直升机，但是目前仅配备装有"黄貂鱼"鱼雷的"山猫"HMA 8型直升机。

舰队守护神
——护卫舰

护卫舰是以水中武器、舰炮、导弹为主要武器的轻型军舰。主要用于反潜护航，也可用于侦查、警戒、支援和保障陆军濒海翼侧的轻型军舰。它的排水量小至500吨，大到40000吨，是驱逐舰以下，快艇以上范围内的水面舰艇。是世界各国建造数量最多、分布最广、参战机会最多的一种中型水面舰艇。

● **风雨历程**

第一次世界大战期间，德国实行无限制的潜艇战，以潜艇破坏海上交通线和封锁港口、基地，极大地威胁着协约国海上交通的安全。各国为满足反潜护航的需求，相继建造了护卫舰，最初称护航舰，护卫舰在第一次世界大战中得到了广泛应用。在第二次世界大战中，德国重施故伎，仍然以潜艇作为主要的海上作战舰只。在最初海战中，德国的潜艇大开杀戒，每天都击沉几艘同盟国的舰只，使同盟国的海上运输陷入困境。大英帝国这只狮子也食不果腹，出现了危急状态。为保卫海上交通线，护卫舰被大量应用于船队的护航上。为提高护航舰的反潜作战能力，还装备了声呐等设备，扼制住了潜艇袭船的狂潮，粉碎了德国的潜艇战。护卫舰在第二次世界大战中，还被广泛应用于海上编队作战和两栖登陆作战中。

● **现代护卫舰**

第二次世界大战后，护卫舰除为大型舰艇护航外，主要用于近海警戒巡逻或护渔护航，舰上装备也逐渐现代化。20世纪50年代后，护卫舰的发展趋势与驱逐舰相类似，向着大型化、导弹化、电子化、指挥自动化的方向发展。20世纪70年代后，导弹和直升机开始装备上舰，出现了导弹护卫舰等新的概念。同时，为了满足第三世界国家200海里的经济区内护渔护航及巡逻警戒的需求，还发展了一种小型护卫舰，排水量在1000吨左右，武器以导弹为主。此外，还有一种吨位更小，通常只有几十至几百吨的护卫艇，用于沿海或江河巡逻警戒。现代护卫舰与驱逐舰的区分已经很不明显，护卫舰在吨位、火力、续航能力上稍逊于驱逐舰，有些国家的大型护卫舰在这些方面还要强于一些驱逐舰。目前的护卫舰排水量一般在1500吨～4000吨，续航力4000海里～7500海里。主要武器是导弹鱼雷、火炮等，一般都可携1～2架反潜直升机。

"拉斐特"级
——护卫舰

"拉斐特"级护卫舰是法国洛里昂海军船厂于1990年12月开工建造的，它以流畅的线条、优美的造型打造了世界上第一艘真正意义上的隐身战舰。在当今世界现役的各型战舰中，"拉斐特"级护卫舰无疑是最抢眼的，它充分体现了法国优良的造船工艺和审美观念。

● 超酷档案

"拉斐特"级满载排水量3600吨，全长124.2米，垂线间长113.8米，水线宽15.4米，吃水4.1米，最大航速25节，续航力7000海里/15节，9000海里/12节，编制153人。目前，"拉斐特"级舰上安装了一座8联装"海响尾蛇"CN2型舰空导弹发射装置，备弹24发。"海响尾蛇"导弹的舰载防御防空系统，最大射程13千米，最大飞行速度达3.5马赫。导弹采用雷达、红外复合制导，拦截能力强。

● 隐身术攻略一

"拉斐特"级是世界上第一种在雷达、红外、水声等各方面采用综合隐身技术，并产生明显效果的大型隐身战斗舰艇。比如，在烟囱等关键性部位大量使用的降红外涂料，同时又采用特殊的玻璃纤维增强材料，加强隔热和绝缘抑制红外辐射，配备了低噪声的5叶螺旋桨，效果十分明显；在水下，"拉斐特"级采用了气幕降噪方法，即在舰艇底部通过各种导管产生大量气泡，以形成气泡垫，吸收本舰向水下辐射的噪声，以降低敌方潜艇探测和鱼雷攻击的概率，大大降低了"拉斐特"级的探测率。

● 隐身术攻略二

"拉斐特"级护卫舰的舰载武备要求尽量不外露，一改过去战舰的甲板以上给人以杂乱无章、令人眼花缭乱的感觉，"拉斐特"级整艘舰上的所有设备一律采取隐蔽安装，除必须暴露的武器装备和电子设备外。比如，直升机收进机库，只在起飞和降落时通过轨道和格栅进行起降操作；锚机、带缆桩和卷车等锚泊设备一律安装在甲板以下，只在停靠码头和需要锚泊时才打开舷侧盖板进行操作；舷侧交通艇和吊艇架收回到上层建筑内部，只在需要使用时打开舷侧卷门，吊放后立即盖上……此外，桅杆、烟囱、火炮都由斜面构成。这样，"拉斐特"级的舰体的雷达反射面积仅仅相当于一艘500吨级的巡逻舰。

● 隐身术攻略二

"拉斐特"级护卫舰为追求尽善尽美的隐身效果，在设计上力求全身上下无死角，尤其在水线以上的各个暴露部分的外壁都有10°的内倾，几乎找不到一个直角的部分。从远看去，"拉斐特"级外形优雅、线条流畅，给人以赏心悦目的感觉。具有传统艺术美感的法国人似乎将"拉斐特"级当作了一件供人欣赏的艺术品来设计制造，难怪许多专家都认为"拉斐特"级是当今最漂亮的战舰。

两栖杀手
——两栖战舰艇

两栖战舰艇是在两栖作战时，负责将登陆人员、装备、车辆、军用物资等迅速输送到登陆地点，以保障两栖作战胜利的舰艇。两栖战舰艇种类繁多，主要包括两栖指挥舰、两栖攻击舰、船坞登陆舰、两栖货船及各种大、中、小型登陆舰、登陆艇等。其吨位大到4万吨、小至数十吨。

● "蓝岭"级两栖指挥舰

"蓝岭"级两栖指挥舰是美国20世纪60年代后期设计建造的一级两栖指挥舰，用于指挥两栖登陆作战。"蓝岭"级舰长194米，宽32.9米，吃水8.8米，满载排水量18372吨。动力装置为1台蒸汽轮机，功率16170千瓦，航速23节。该级舰作为两栖指挥舰，舰上设有一套编队指挥系统，其中包括旗舰指挥室、登陆部队指挥室、两栖指挥中心、战斗情报中心、水面和水下协调中心、军事行动部、报文中心等。

● "塔拉瓦"级两栖攻击舰

美国"塔拉瓦"级两栖攻击舰有极强的两栖作战能力。舰长250米，宽32.3米，满载排水量39300吨，最大航速24节。该舰机库可容纳19架CH-53型直升机。根据需要，其中部分还可换成AV-8B型垂直、短距起降飞机。机库后端下面，还设有登陆舰使用的坞舱，可装载LCU-1610型登陆舰4艘。舰上还设有两层车辆甲板，可容纳各型轻重车辆。该舰主要医疗设备有3个手术室和300张病床。

● "伊万·罗戈夫"级登陆舰

"伊万·罗戈夫"级登陆舰是前苏联的远洋登陆舰，船坞长66米，可容纳"天鹅"级气垫登陆艇4艘；可装载40辆坦克；供2架运输直升机起降；可搭载700名海军陆战队队员。该舰长157米，宽23.8米，满载排水量为14060吨，功率为18000千瓦，航速19节。武器装备有1座双联装SA-N-4航空导弹发射器，2门76毫米火炮，4座6管30毫米炮和1具火箭深水炸弹发射器，舰员239人。

● "闪电"级登陆舰

法国与美、英等国家一样，自20世纪90年代以来特别重视增强两栖作战能力。法国"闪电"级登陆舰是"暴风"级的派生型，在用途、装载能力、航速和武备等方面都有较大改进，其主要使命是能运载1个机械化步兵团及其有关装备，以坞舱、飞行甲板和机库、车辆舱三种方式进行装载。该舰满载排水量为12400吨，舰长168米，舰宽23.5米。这级舰建成后，"暴风"级并没有随之退役，反而进行了现代化改装。

● "海神之子"级登陆舰

英国"海神之子"船坞登陆舰是一种船坞登陆平台，即混合型船坞登陆舰。每艘登陆舰乘员325人，可载300名海军陆战队队员及全部弹药和重型装备，包括装甲战车、坦克和自行火炮。在紧急情况下，于有限时间内，可运载650名满载弹药、水和食品的登陆队员及70件战斗装备。最大排水量为1.6万吨，使用柴电发动机，最大速度为18节。这种船坞登陆舰设计方案中最为独特的地方就是登陆系统。舰的后部有一个宽阔的船坞平台，可以沉入水中，内载8艘吃水不深的大型自行驳船，其中4艘排水量为240吨的MK10通用登陆艇,可以运送"挑战者"2主战坦克;另外4艘MK5车辆人员登陆艇,排水量更小,一次可运送35名士兵或两辆轻型卡车。

海上巨无霸
——航空母舰

航空母舰是一种以舰载机为主要作战武器的大型水面舰只,也有人形象地将其称为"海上移动机场"。航母与各种护航舰所组成的航母战斗群,集防空、反舰、反潜以及对岸攻击等作战能力于一身,可以为实施空战提供基地,为联合作战提供支援,并能根据不同情况执行多种战略任务。航空母舰的出现使传统的海战从平面走向立体,也造就了航母本身在当今海洋战场上的霸主地位。

● 航母按舰载机分类

航空母舰可分为专用航空母舰和多用途航空母舰。专用航空母舰可分为攻击型航空母舰、反潜航空母舰(或直升机母舰)、训练航空母舰以及护航航空母舰。护航航空母舰早在二战后就已全部退役。攻击型航空母舰主要载有战斗机和攻击机。航空母舰按排水量大小可分为大型航母(排水量6万吨以上)、中型航母(排水量3万~6万吨)和小型航母(排水量3万吨以下);按动力装置可分为核动力航空母舰和常规动力航空母舰。

● 飞行甲板

飞行甲板就是航母舰面上供舰载机起降和停放的场所,又称为舰面场。早期飞机由于起降速度不大,可以从军舰首部或主炮塔上部铺设的小型甲板上起飞,从舰尾的短小甲板上着舰。飞行甲板要承受飞机着舰时的强烈冲击载荷,所以要用高强度钢板制成。二战时,航母飞行甲板表面要铺设一层木质甲板,而现代航母的飞行甲板表面都是金属的。在飞行甲板上进行的航空作业主要有飞机飞行前和再次起飞前的准备、起飞、回收着舰、飞行后检测维护,飞机在飞行甲板上的升降、调运和停放。

● 舰载机的起飞方式

舰载机作为航母的最重要作战武器平台，其起飞与降落方式不仅影响到舰载机装备性能的发挥，也会影响到舰载机的起降效率和安全。起降方式是各国航母装备发展所要解决的重要环节。目前，航母舰载机主要的起飞方式是弹射起飞方式和滑橇起飞方式两种。弹射起飞时利用航母飞行甲板上设置的弹射装置，在一定的行程内对舰载机施加外力，使其加速离舰升空。当前，世界各航空母舰的拥有国中，真正使用弹射器弹射舰载机离舰的只有美国和法国。滑橇起飞是在航母飞行甲板的前端安装一块上翘的斜板，为飞机离舰时提供一个额外增加的升力，同时与机上发动机较大推力所产生的升力叠加，以防止舰载机脱舰的瞬间出现过多的下沉。目前，除美、法两国航母舰载机采用弹射起飞方式外，其他拥有航母的七个国家都采用的是滑橇起飞方式。

● 舰载机的降落方式

目前，世界各国航母舰载机的降落方式基本有两类：一是着舰减速降落方式，二是垂直降落方式。着舰减速降落方式采用拦阻索和拦阻网装置。拦阻索是舰载机正常降落时缩短着舰滑跑距离的装置；拦阻网是舰载机处于危急情况下着舰时使用的应急设备。拦阻索位于大型航母斜角甲板的中心线。一般情况下在距甲板尾端55 米～60米处起设置第一根阻拦索，然后每隔14米设置1根，共设置4根。每根钢索直径约3.5厘米，钢索离甲板的高度为35厘米～50厘米，由弓形弹簧张起，且其两端通过滑轮与甲板下方的液压阻力缓冲器相连。要彻底解决安全降落问题，最好是垂直降落，所以超短距起飞、垂直降落，已成为当前航母舰载机在起降方面发展的基本趋势。

● 舰载武器

航母上的武器一般来说，除少量自卫武器外，航空母舰的武器就是它所运载的各种军用飞机。航空母舰的战斗逻辑是用飞机直接把敌人消灭在距离航母数百千米之外的领域。没有一种舰载雷达的扫描范围能超过预警机，没有一种舰载反舰导弹的射程能超过飞机的航程，没有一种舰载反潜设备的反潜能力能超过反潜飞机或直升机。飞机就是最好的进攻和防御武器，整个航空母舰战斗群可以在航母的整体控制指挥下，对数百千米外的敌对目标实施搜索、追踪、锁定、攻击，可以说是拒敌于千里之外！所以无需再配备其他进攻性武器。但是，前苏联的航母同时装备有远程舰对舰导弹，从这一点来说，前苏联的航母是航母与巡洋舰的混合体。

● 作战使用

航空母舰从来不单独行动，它总是在其他船只的"陪同"下行动，这些"陪同"船只包括巡洋舰、驱逐舰、护卫舰等，它们为航空母舰提供对空和对其他舰只以及潜艇的保护。此外，舰队中还有潜艇作侦察和反潜任务，供给舰只和油轮扩大整个舰队的活动范围，这些舰艇本身也可以携带进攻武器，比如巡航导弹。

"小鹰"级
——航空母舰

"小鹰"级航母是美国海军多用途航空母舰，也是美国海军最后一级常规动力航空母舰。"小鹰"级的首舰于1956年12月在纽约造船公司开工建造，1960年5月21日完工，1961年4月29日编入太平洋舰队服役。1988年1月至1991年2月进行了改装，改装后服役期延长为40年。"小鹰"号的军港设在加利福尼亚州的圣迪戈海军基地。

● 超级档案

该级舰首舰为"小鹰"号，第2艘舰为"星座"号，第3艘舰为"美利坚"号，第4艘为"肯尼迪"号。该级舰开始按攻击航空母舰建造，但20世纪70年代后改装反潜指挥中心，搭载S3固定翼反潜机和SH3直升机后，建为攻击、反潜多用途航空母舰。该级舰标准排水量60100吨，满载排水量81120吨。动力装置有4台蒸汽轮机，总功率205800千瓦，航速33节。舰长320米，宽39.6米，吃水11.3米，飞行甲板宽76.9米。

● 各司其职

在"小鹰"号上服役的人员多达5480人，其中包括舰员2930人

(军官154人)、航空兵人员2480人（军官320人）、司令部人员70人（军官25人）。舰上配舰长和副舰长各1人，下设10个部门和1个舰载机联队。舰长为海军上校军衔，副舰长为上校或中校军衔。美国海军对航空母舰舰长和副舰长的要求非常严格，规定只有在舰上架机起降过800～1200次，有4000小时～6000小时飞行纪录，担任过飞行中队长或航母舰载机联队长职务的优秀指挥官才有资格担任航母舰长和副舰长。

● 海上堡垒

"小鹰"级航空母舰采用了封闭式加强飞行甲板，舰体从舰底至飞行甲板形成整体的箱形结构。从底层到舰桥顶部大约有18层楼房那么高，飞行甲板以下分为10层，以上分为7层。全舰内部舱室共1501间。最下面几层是燃料、淡水、武器弹药舱和轮机舱；5～6层是士兵住舱、行政办公室、食品库和餐厅；7~8层是舰载机维修间、维修人员和雷达操纵人员的住舱；9~10层是机库、战斗值班室和飞行员餐厅。而10层以上为上层建筑(即甲板以上突出的部分)，有8层楼房高，由下至上分别为消防、医务、导弹、电梯人员住舱，工具、通讯及电气材料库，军官住舱，司令部及舰长参谋人员、新闻人员工作室和休息室等。舰上装有飞机升降机4部，C13型蒸汽弹射器4台。

● 电子设施

"小鹰"级航空母舰具有完善的电子设施，舰上共配有各种雷达发射机约80部、接收机150部、雷达天线近70部，还有上百部无线电台，同时具有2万千瓦的发电能力。此外，"小鹰"级航空母舰可储备7800吨舰用燃油、6000吨航空燃油和1800吨航空武器弹药，具有一个星期的持续作战能力。

● 舰载飞机

"小鹰"号可载各型飞机约85架。其中，F-14D战斗机20架，F/A-18战斗机36架，E-2C预警机和EA-6B电子干扰机各4架，6架S-3B反潜机，6架直升机，2架ES-3A电子侦察机。

● 战争先锋

2001年10月19日深夜至20日凌晨，美国陆军特种部队"三角洲"

就是由"小鹰"号航空母舰上的舰载直升机空投到作战地区，对阿富汗境内的一个塔利班目标发动了自美国实施对阿富汗空中打击以来的第一次地面袭击。

"企业"号
——航空母舰

"企业"号核动力航空母舰是美国历史上第八艘使用"企业"号为名的船只，也是全世界第一艘使用核反应堆作为动力来源的航空母舰，该级舰仅有1艘，一直是美国海军的骄傲和象征。它于1958年建造，1961年服役，是当时最大的军舰，也是当今全球最长的军舰。

● 技术特点

该舰的外形与"福莱斯特"级、"小鹰"级相同，没有火炮装置。最明显的区别是结构紧凑的方形上层建筑，这是专门为平面列阵雷达天线设计的，以便在舰桥的各面都能装扁形天线，在舰桥圆形涡纹建筑的顶部装固定天线。1个圆形天线阵和4个平面天线阵能有效探测360°范围。"企业"号最显著之处就在于它的动力装置，全舰采用8座A2W反应堆，使该艘巨舰获得了35节的最大航速。"企业"号采用全速航行时，续航力达14万海里；采用20节航速航行时，续航力为40万海里，相当于绕地球13圈。

● 美中不足

巨大的"企业号"航空母舰有一个突出的缺点：造价大得惊人，高达4.51亿美元，是第一艘"福莱斯特"级航空母舰造价的2倍。这艘航空母舰虽然不用经常维修，但需要配备更多的舰员，对舰员的专业水平要求较高。由于造价过高，美国海军在20世纪60年代并未继续建造"企业"号同型舰，而是以采用传统动力代之，造价便宜得多的"小鹰"级航空母舰来填补"企业"号与下一代核动力航空母舰（即后来的"尼米兹"级）的空隙。后者的造价只比"企业"号的一半多一点，"企业"号因此成了该级别中的孤家寡人。

● 舰队一体

"企业"级航母装有电子计算机数据处理系统，该系统整理和处理来自本舰雷达、护航舰只、飞机以及其他来源的信息，并将其自动传给其他舰只，使整个特混舰队能像一艘军舰那样协调一致地行动。这一系统能使特混舰队指挥官迅速采取措施防御危险的袭击，同时也大大简化了飞机在执行任务后寻找母舰的过程。

● 汗马功劳

这艘颠簸半生的"企业"号预定在2013年退役，被新时代核动力航空母舰CVNX的第一艘取代，届时"企业"号已在海上奔驰了52年。"企业"号为美国海军立下了"汗马功劳"，多次被派往敏感地区和冲突地去应付突发事件。比如，1962年8月古巴导弹危机时，"企业"号曾参与美国海军封锁古巴的行动。次年5月"企业"号便与核动力巡洋舰"班布里奇"号、核动力导弹巡洋舰"长堤"号在欧洲地中海组成"全核武力"舰队，展开了名为"海轨行动"的环游全球巡航任务，途中无需加油和再补给，历时64天，总航程3万多海里，充分显示了核动力的巨大续航力，"企业"号的设计和建造对美国第二代核动力航空母舰"尼米兹"级产生了重要影响。

● 意外灾难

1969年1月14日是"企业"号的灾难日，它的飞行甲板突然发生火灾意外并引爆9枚500磅炸弹，飞行甲板被炸出3个大洞，内部也受创不轻，幸好在数小时抢救后扑灭火势并自力返航，之后的修复作业耗时3个月。

"尼米兹"级
——航空母舰

"尼米兹"级航空母舰是当今世界海军威力最大的海上巨无霸，是美国海军独家拥有的大型核动力航空母舰，它的巨大威力足以令任何对手望尘莫及。它是世界上排水量最大、舰载机最多、现代化程度最高、作战能力最强的航空母舰。可以说，"尼米兹"级航母是当代航空母舰家族中当之无愧的王者。

● 服役情况

"尼米兹"级是美国海军第二代航母，全部由位于美国东部弗吉尼亚州的纽波特纽斯船厂建造，迄今已有9艘服役，未来还将有1艘加入这个兴盛的大家族。第1艘"尼米兹"号（CVN68）于1975年5月3日服役，第2艘"艾森豪威尔"号（CVN69）于1977年10月18日服役，第3艘"卡尔·文森"号（CVN70）于1982年3月13日服役，第4艘"罗斯福"号（CVN71）于1986年10月25日服役，第5艘"林肯"号（CVN72）于1989年11月服役，第6艘"华盛顿"号（CVN73）于1992年7月4日服役，第7艘"斯坦尼斯"号（CVN74）于1995年6月9日服役，第8艘"杜鲁门"号（CVN75）于1998年7月25日服役，第9艘"里根"号（CVN76）于2002年12月服役，第10艘"布什"号（CVN77），预计2009年交付使用。

● 超酷档案

该级舰装有飞机升降机4部，每个升降机一次可装2架飞机，弹射器能在几十米距离内用25秒时间使飞机航速达到373千米/小时。飞行甲板宽76.8米，机库长约300米，宽约50米。该级航母可载飞机90多架，其标准的航空联队有20架F-14"熊猫"战斗机，20架F/A-18战斗机，4架EA-6B电子战飞机，16架A-6E"入侵者"攻击机，4架E-2C"鹰眼"空中预警机，6架S-3A/B北欧海盗反潜机和8架SH-3G/H"海王"或SH-60F"海鹰"直升机。这些飞机可以执行空中拦截和反潜等多种任务。

● 海上巨兽

"尼米兹"级航空母舰是美国海军中最大的一艘核动力航空母舰，是一座浮动的机场和海上城市。舰上的甲板面积相当于3个足球场，舰体从舰底到舰桥顶部共70多米高，舰身高达20层楼。它携带的核燃料可用13年。舰上正常编制为5984人，床铺6410张，舰上还有广播站、电影厅和邮电所、百货商店、服装店、理发店、冷饮店，仅照明灯就有29184盏。参观过这艘军舰的人，都用"海上巨兽"来形容它。

● 战斗堡垒

"尼米兹"级航空母舰采用完全封闭式飞行甲板,从双层舰底至机库甲板共分为8层,舰体两舷水下部分各设有能承受300千克炸药爆炸的防鱼雷舱。舰内除设有多道纵隔壁外,还设有30余道水密横隔舱和多道防火隔舱,由这些纵横舱壁构成2000多个水密隔舱。为了防御半穿甲弹的攻击,舰甲板和舰体全部使用优质高强度合金钢,舷侧某些部位的钢板甚至厚达63.5毫米。由于采用了多种措施,即使少量舱室被击中进水,航空母舰仍可保持极强的生存力,不至于沉没。"尼米兹"级各航空母舰自问世以来,以打击力强、反应迅速、机动性好、兵力投送能力大等优点,始终为美国海军和历届政府所青睐,并经常作为"急先锋"被派往世界有关海域,应付地区冲突或局部战争。

● 不断改进

由于"尼米兹"级建造时间长达数十年,所以各舰之间有一些差别,仅排水量一项,前3艘"尼米兹"标准排水量为81600吨,满载排水量为91487吨,第4艘"罗斯福"号满载排水量则达到了96386吨,其后的"林肯"号、"华盛顿"号、"斯坦尼斯"号、"杜鲁门"号、"里根"号满载排水量均已超过100000吨。此外,随着科技的不断进步,舰上设备也有很大改变。像"杜鲁门"号就融入了信息技术的最新成果,如大面积使用光纤电缆以提高数据传输速率,布设了IT-21非保密型局域网,将计算机、打印机、复印机、作战兵力战术训练系统、舰艇图片再处理装置、数字化综合印刷及综合数据库等连接为一体,实现了无纸化办公。舰员配备了数字身份卡,舰载机的起降设备也增设了电视监视系统。

● 首战走麦城

1979年11月,美国驻伊朗使馆66人被扣为人质,美国决心用武力解救人质。1980年4月25日晚,代号"夜光"的营救行动开始。美军突击队乘坐的8架RH-53直升机从"尼米兹"号起飞。没想到,8架舰载直升机在飞行途中竟然坏了3架,一架还与运输机相撞坠毁,营救行动不得不宣告失败,"尼米兹"号航母第一次参加实战就不幸上演了"走麦城"。

"戴高乐"级
——航空母舰

"戴高乐"级航母是当前欧洲最大、最先进的核动力航母，也是世界上第一艘采用核动力的中型航母，从而使得法国成为继美国之后第二个拥有核动力航母的国家。

● 总统号出世

自20世纪60年代2艘"克莱蒙梭"级服役之后，法国再无航母服役，于是决定把在这2艘航母后续舰的问题提上议事日程。但是，对于具体采用什么类型的航母，法国上下却一直争论不休，先后提出过中型、轻型、常规动力、核动力和垂直起降等各种类型，直至1980年9月才确定最后方案：建造2艘中型核动力航空母舰，这就是"戴高乐"级核动力航母，并以已故法国总统夏尔·戴高乐的名字为新航母命名。

● 超酷档案

"戴高乐"号总长261.5米，飞行甲板宽64.4米，全高75米，吃水8.5米~8.7米，满载排水量40550吨，飞行甲板面积12000平方米，机库面积4600平方米，设有2500个舱室，全部舰员约2000人。前甲板和斜角甲板上各有1座从美国引进技术自行制造的C-13型蒸汽弹射器，弹射器行程75米，可将25吨重的飞机加速到150节的起飞速度。在飞机回收区设有3根阻拦索，可钩住以140节速度降落的舰载机。飞行甲板右侧设有两座载重36吨、面积达200平方米的升降机，可同时运送两架飞机。在动力系统方面，"戴高乐"号直接选用了两座与战略导弹核动力潜艇通用的K-15型反应堆。正因为这样，该舰的最高航速只能达到27节，没有达到一般航母的30节。"戴高乐"号的海上自持力为45天，因为采用了核动力，对海外基地依赖少，几乎有无限的续航力，该舰的动力系统的总寿命可达50年，全舰寿命维护使用费用比要高于常规动力舰只。

● 武器装备

"戴高乐"号上可搭载30~33架"阵风"M战斗机，加上5架直升机和从美国引进的4架E-2C预警机，共可载机40架左右。"戴高乐"号上还装备有2座"萨姆"短程反导弹系统，2座6联装"萨德拉尔特"短程反导弹系统，4座8单元发射"紫菀"导弹的"瑟弗莱尔"垂直发射装置，以及引诱来袭导弹的 AMBL-2A "萨盖"诱饵发射装置，能快速实施噪声干扰，同时对付8个有威胁目标的 APBB33 干扰发射器和法意联合研制的"斯莱特"鱼雷防御系统，并配备有先进的早期预警雷达和电子战装备。攻防兼备的"戴高乐"号综合作战能力至少要比法国海军"克莱蒙梭"号常规动力航母高6倍以上。

● 问题迭出

自1994年5月7日下水以来"戴高乐"号历经磨难，问题迭出，所有这些问题都源于设计不合理和质量不过关。例如，"戴高乐"号下水后才发现飞行甲板太短，无法供计划装备的E-2C "鹰眼"预警机起落，所以不得不返回布雷斯特造船厂全面检查，最终将斜角甲板跑道加长4.5米才解决了问题。更令人吃惊的是，2000年11月，"戴高乐"号在北大西洋进行首次远洋试验时，在它以25节航速从法属西印度群岛的瓜德罗普岛开往美国诺福克海军基地途中，一部螺旋桨的桨叶突然断裂，沉入大西洋海底，"戴高乐"号不得不以14节航速返航。在长达20年的艰苦研制过程中，"戴高乐"号还暴露出许多问题，但经过改进，基本都得到解决，现在它已成为法国海军的中坚力量。

"无敌"级
——航空母舰

英国"无敌"级航空母舰是西欧最早建造的轻型航空母舰，该级航母共建三艘：R05 "无敌"号，R06 "卓越"号，R07 "皇家方舟"号。英国"无敌"级航空母舰是英国海军装备的一种轻型航母，是现代轻型航空母舰的典范。

● 航母的发祥地

英国是航空母舰的发祥地，其航母在二战中有过出色表现。战后英国国力日衰，再也无力建造像美国那样的大型核动力航母，但确信航母实力的皇家海军又不想放弃这个海战法宝，万般无奈之下只好采取了折中之策，用所谓的"全通甲板巡洋舰"来代替传统的舰队型航母，这就是后来的"无敌"级轻型航母。

● 超酷档案

"无敌"级全长206.6米，宽27.7米，标准排水量16000吨，满载排水量20300吨，主机为4台"奥林普斯"TM-3B型燃汽轮机（这是世界上首次将燃汽轮机作为航母主机），总功率82320千瓦，双轴双桨，最大航速28节，18节时续航力7000海里，全舰人员编制1051名，其中舰员685人，航空人员366名。其建成时的标准载机为8架"海鹞"式垂直起降战斗机和12架"海王"直升机。"无敌"级与常规航母一样，上层建筑集中于右舷侧，里面布置有飞行控制室、各种雷达天线、封闭式主桅和前后两个烟囱。飞行甲板长168米，宽32米，飞行甲板下面设有7层甲板，中部设有机库和4个机舱。机库高7.6米，占有3层甲板，长度约为舰长的75%，可容纳20架飞机，机库两端各有一部升降机。防空武器为舰首的1座双联装"海标枪"中程舰空导弹发射架。

● 技术革新

"无敌"级在服役之后多次参加了实战行动。1982年，"无敌"号参加英阿马岛之战，暴露出预警能力的不足。战后，皇家海军为每艘航母配备了3架"海王"AEW预警直升机，每架直升机配备1部"搜水"雷达，当飞行高度为1500米时，警戒半径为160千米。后来，"无敌"号又率先加装了3座美制"密集阵"6管20毫米近防系统，但仍感近防能力不足，在此后的大改装中又加装了3座荷兰的"守门员"7管30毫米近防炮，并装备了"海蚊"诱饵发射系统和新型的966对海警戒雷达和2016舰壳声呐。1994年2月，"卓越"号完成了相同的改装。1997年，"皇家方舟"号在进行新一轮改装时，又将滑跃跑道上翘角提高到12°，这个独特的改变，让"无敌"级上的"海鹞"战斗机不用再因为垂直起降而浪费燃油和时间。但由于它是曲面，不是平甲板，因此在舰上这一部分飞行甲板无法停驻飞机。减少了飞行甲板上的停机面积，也就意味着减少了停机架数。

● 经典战例

"无敌"号服役不久，便参加了1982年英国与阿根廷之间的马岛战争。阿军为了打掉"无敌"号航空母舰,出动了4架A4"天鹰"攻击机。前两架攻击机在距海面约20米低空被"无敌"号航空母舰防空导弹击落。第3架阿军飞机灵活地将飞机降低至距海面约5米左右向"无敌"号投掷了7枚500千克炸弹。尽管没有将"无敌"号航母炸沉,但也给装备精良的英国军队当头一棒。

"阿斯图里亚斯亲王"号
——航空母舰

西班牙是一个海洋国家,北临大西洋,东濒地中海,南接直布罗陀海峡,因此需要一支以航母为核心的海上力量来担负起保卫国家安全和经济发展的重任。从西班牙的经济实力看,如果建造像美国那样的大型航母或像法国那样的中型航母都是国力难以承受的。于是,搭载垂直起降飞机的轻型航母就进入了西班牙海军的视线。1979年10月,西班牙巴赞造船公司开工建造R11"阿斯图里亚斯亲王"号轻型航母,历经近十年艰辛,于1988年5月3日,这艘航母正式进入西班牙海军服役。

● 超酷档案

"阿斯图里亚斯亲王"号全长195.5米,宽24.3米,吃水9.4米,满载排水量16900吨,全通式飞行甲板长175.3米,宽29米。其动力装置为2台LM-2500燃汽轮机,总功率34104千瓦,最大航速27节,续航力为6500海里/20节。它平时载机22架,包括10架AV-8B垂直短距起降战斗机,6架"海王"直升机和2架"海王AEW"预警直升机以及4架AB-212直升机。但在紧急情况下可载机37架,其中17架放在机库中,20架放在甲板上。该舰编制舰员600人,另有230名航空人员。"阿斯图里亚斯亲王"号的舰载武器较简单,只有4座"梅罗卡"12管20毫米近防系统。它的电子设备也较为精巧,1部SPS-52C/D三座标对空雷达,1部SPS-55对海搜索雷达,另有4座MK-36型6管干扰火箭发射装置和1部SLQ-25"水精"拖曳式鱼雷诱饵系统。

● 大胆取舍

为了保证舰载垂直短距起降飞机重载起飞作战,现代轻型航空母舰均设有滑跃跑道，"阿斯图里亚斯亲王"号的滑跃跑道跃升角为12°。相比之下，"无敌"号的滑跃跑道原为7°，"加里波第"号为6.5°。据英国海军研究表明，当滑跃跑道跃升角由7°增至12°后，飞机的作战载荷可增加1130千克，或者在同样起飞重量下起飞滑跑距离缩短50%~60%。为此，英国海军在建造"无敌"级的第3艘"皇家方舟"号时，将跑道跃升角改为12°。和同类的轻型航母一样，"阿斯图里亚斯亲王"号航母设有两部舷内升降机，用于将飞机从机库提升至甲板。"阿斯图里亚斯亲王"号的升降提升能力为20吨，属于轻型航母中最大的升降机之一。较强的提升能力，为将来使用重量较大的新型飞机提供了方便。在提高航空作战能力上，"阿斯图里亚斯亲王"号的设计无疑是成功的。当然，这种作战能力的提高必须在体积、重量和费用上付出代价，这一代价在设计上的体现，是为了保证突出重点，大胆地舍弃了一些相对次要的性能，这一点同样形成了"阿斯图里亚斯亲王"号的突出特点。

● **独特之处**

"阿斯图里亚斯亲王"号轻型航母有几个独特之处：一是飞行甲板在主甲板之上，从而形成敞开式机库，这在二战后的航母中是绝无仅有的；其他航母都是飞行甲板与主甲板在同一水平面上，机库是封闭的；二是动力系统只采用两台燃汽轮机，并且是单轴单桨，这在现代航母中同样是独一无二的。为了弥补两台主机可靠性低的弱点，该舰在舰中部安装了两台可收放的应急动力装置，由两台588千瓦电机驱动，可提供4~5节的航速；三是机库面积较大，达2300平方米，比其他同型航母多出70%，接近法国中型航母的水平。

水下游猎者
——潜艇

潜艇是一种能潜入水下活动和作战的舰艇，也称潜水艇，是海军的主要舰种之一。它具有良好的隐蔽性、较大的自给力、续航力和极强的突击力。潜艇在战斗中的主要作用是对陆上战略目标实施核袭击，摧毁敌方军事、政治、经济中心；消灭运输舰船、破坏敌方海上交通线；攻击大中型水面舰艇和潜艇；执行布雷、侦察、救援和遣送特种人员登陆等任务。

● 潜艇的分类

潜艇的分类形式很多，按任务和武器装备分为弹导弹核潜艇、攻击型核潜艇和常规潜艇；按动力分为常规动力潜艇与核潜艇；按排水量分为常规动力潜艇有大型潜艇（2000吨以上）、中型潜艇（600吨～2000吨）、小型潜艇（100吨～600吨）和袖珍潜艇（100吨以下），核动力潜艇一般在3000吨以上；按艇体结构分为双壳潜艇和单壳潜艇。

● 潜艇的外形

为了减少航行阻力，通常采用4种艇型：一是流线型，艇体细而长，长宽比例通常为11：1或12：1；二是水滴型，其形似水滴，艇首粗而圆，艇尾细而尖，长宽比例常为7：1或8：1，流体阻力小，适合于长期水下航行的攻击型核潜艇；三是拉长了的水滴型，艇体较长，适合于中部装载导弹，多为弹道导弹核潜艇；四是鲸鱼型，呈流线形艇体。

● 攻击潜艇

攻击潜艇是指用于攻击水面舰船和潜艇的潜艇。最初的攻击潜艇指以鱼雷为主要武器的攻击潜艇，是第二次世界大战以前的基本艇型。第二次世界大战以后，潜艇装备的武器已有根本变化，主要武器是鱼雷、水雷和反舰、反潜导弹。有两种类型，一种是核动力攻击潜艇，一种是常规动力攻击潜艇。核动力攻击潜艇水下排水量3000吨～7000吨，水下航速30～42节，下潜深度300米～500米，自给力60～90昼夜。常规动力攻击潜艇水下排水量600吨～3000吨，水下航速15～20节，下潜深度200米～400米，自给力30~60昼夜。

● 战略导弹潜艇

战略导弹潜艇主要用于对陆上重要目标进行战略核袭击。多为核动力，也有常规动力的。主要武器是潜地导弹，并装备有鱼雷。核动力导弹。潜艇水下排水量一般在5000吨～30000吨之间，水下航速20～30节，下潜深度300米～500米，自给力60～90昼夜。常规动力导弹潜艇水下排水量3000吨～5000吨，水下航速14~15节，下潜深度300米，自给力

30~60昼夜。长期以来，由于弹道导弹核潜艇隐蔽性好，可以进行远距离核袭击，一直被视为国家三位一体的核威慑力量的重点。

● 运输潜艇

运输潜艇是指用于输送兵员和物资的潜艇。潜艇不只用于作战、侦查，它在水下运输中也起着重要的作用。由于水下运输潜艇活动隐蔽，能够达到战斗的突然性，有出奇制胜的功效，且水下运输不受气象和水文等条件的影响，在登陆作战中能够增加登陆成功的可能性。因此，水下运输潜艇出现以后，立即引起了人们的极大关注。1958年，美国正式建造了水下运输潜艇"灰鲸"号。"灰鲸"号水下排水量2700吨，水下最高航速20节，一次可载运数十人至数百人，以及相应的作战物资。

"台风"级
——核潜艇

"台风"级核潜艇是前苏联在20世纪70年代后期为了充实战略核力量、抗衡美国"俄亥俄"级潜艇而发展起来的，是前苏联的第四代弹道导弹核潜艇。因其排水量达到2万多吨，远远超过美国的"俄亥俄"级，成为世界上最大的一级核潜艇，堪称世界级"水下巨无霸"。

● 超酷档案

该级首艇于1977年开工建造，1981年服役。当时计划共建造12艘，但因经费紧张，至1989年只建造了6艘便中止了建造计划。前苏联解体后，"台风"级中的1艘进厂进行维修和现代化改装，迄今仍在进行各种试验；另两艘在美国资助下被拆解。目前，仅有3艘"台风"级弹道导弹核潜艇现役，全部部署在俄罗斯北方舰队。该级战略导弹核潜艇全长171.5米，宽24.6米，水面航行时吃水13米，水上航速19节，水下航速26节，水下排水量48000吨，全艇编制180人，其中军官50人。水面航速达到每小时30千米，潜航速度可以达到每小时50千米，最大下潜深度500米，动力装置为两座压水反应堆，持续潜航时间达到120天。

● 武器装备

该级潜艇巨大而精确的破坏能力是十分惊人的。"台风"级核潜艇能发射携带高达200个核弹头的20枚SS-N-20洲际导弹。这种当年被北约称为"鲟鱼"的导弹使用三级固体火箭推进，每枚导弹重90吨，携带10枚10万吨当量的分弹头，采用惯性制导，在8300千米的最大射程上，误差仅为500米。也就是说，这种潜艇携带的导弹可以从俄罗斯领海打击美国本土的任何目标。除这些战略导弹之外，"台风"级核潜艇还携带6具鱼雷发射管以及22枚反潜导弹，以供自卫。

● 作战使命

"台风"级的设计目的是让它静观核战争交火，然后发动报复性攻击。为了达到目的，它必须深藏不露，设计重点是让它潜在北极冰面下，然后跟着冰块一起随波逐流，只要一声令下它就可以随时出击，这就是它的使命。它那经过特别强化的水平舵可以划开3.6米厚的冰层。独特的作战使命，足以令它的船员成为地球上最后存活的人类。

● 巧妙的设计

该级潜艇采用双层壳体结构，内外壳体之间有1.8米的间隔，对鱼雷的防御力很强；在潜艇外壳上加装了一层很厚的吸音瓦，可使对方鱼雷主动声呐的探测距离降低30%；在艇尾左右各有一个螺旋桨轴部的突出部分，舰桥与主艇体连接部分呈异常倾斜的流线结构；共有19个舱室，从横剖面看成"品"字形布局，并且在主耐压艇体、耐压中央舱段和鱼雷舱使用钛金属材料，其余部分使用消磁高强度钢材，从而具有在北冰洋上浮突破冰层的能力。

● 海军保姆

在"台风"级核潜艇上服役的每名士兵都拥有两平方米的起居空间，他们在执勤4个小时后，士兵们可到艇上的游泳池、桑拿房、健身室放松，甚至可以到甲板上钓鱼。此外，"台风"级的伙食也是俄罗斯潜艇中最好的，每日4餐都少不了鱼子酱和巧克力等，因此，"台风"级核潜艇被称为俄罗斯海军的"保姆"。

"俄亥俄"级

——核潜艇

"俄亥俄"级是美国第四代战略导弹核潜艇，就整体性能而言，它是当今世界上最先进的战略核潜艇，是与前苏联争夺核优势的"杀手锏"。因为它的综合性能优异、携载的弹道导弹威力巨大，所以被称为"当代潜艇之王"。该级首艇"俄亥俄"号于1974年开工建造，1981年11月正式服役，总共建造18艘。

● 结构特点

"俄亥俄"级核潜艇，艇长170.7米，宽12.8米，外形近似于水滴形，长宽比为13.3∶1，非常有利于水中航行。艇体大部分是单壳体结构，占艇体总长的60%，在结构与布置等方面均与众不同，艇体的艏艉部是非耐压壳体，中部为耐压壳体，耐压艇体分为四大舱：指挥舱、导弹舱、反应堆舱和主辅机舱。指挥舱分为三层：上层设有指挥室、无线电室和航海仪器室；中层前部为生活舱，后部为导弹指挥室；下层布置4具鱼雷发射管；导弹舱位于舯部指挥台围壳后面，有24个导弹发射筒，对称于中心线平行布置。反应堆舱的上部是通道，下部布置反应堆。主辅机舱布置动力装置由于每个分舱都很大，因而下沉性已显得不重要，其生命力主要取决于隐蔽性和先敌发现目标的能力。

● 武器装备

每艘"俄亥俄"级核潜艇拥有24个垂直导弹发射管，可发射24枚"三叉戟Ⅱ"型导弹。该型导弹的最大射程在1.2万千米以上，命中精度90米，每枚导弹最多携载12颗弹头，精确度高，圆概算偏差只有90米。从1991年开始限制携带8个分弹头，将来限制到4~5个分弹头。该级艇还装备有4具MK68型鱼雷发射管，可携带12枚MK48型多用途线导鱼雷，可攻击潜艇或水面舰艇。

● 攻击力强

"俄亥俄"级弹道导弹核潜艇是美国"三位一体"战略核兵力的中坚力量，主要使命是用"三叉戟"导弹袭击敌方的大城市、政治经济中心、兵力集结地、港口、飞机场、人口稠密区及大片国土等软目标，也可以袭击敌方的陆地导弹发射井等重要战略硬目标。如果携带"三叉戟"－Ⅱ型导弹，共有192个核弹头，336个分弹头可以在半小时内摧毁对方200个大中型城市和重要战略目标，对数亿人的生命安全构成严重威胁。由于"三叉戟"导弹的射程较以往大幅度增加，这意味着"俄亥俄"级潜艇只需部署在美国，即对敌目标具有极大的威胁性。

● 生存能力强

该级潜艇采用了最先进的隐身措施，主要是声隐身，采取一系列措施降低噪声。如采用S8G自然循环压水堆，在中低速航行时可以不使用主循环泵，在机舱内采用浮筏减振，在艇体外表面装设消声瓦，因此辐射噪声很低。此外，采取了消除红外特性、消磁，以及减少废物排放等隐身措施。艇的下潜深度400米，在海洋垂直深度上增大了活动范围，隐蔽性好。

● 发展策略

冷战结束后，美国大幅度削减其战略核力量，18艘的战略核潜艇部队的体系过于庞大，且部队维护费用高昂。随着战争形势的变化，美军日趋需要有海上对岸的攻击能力。于是4艘"俄亥俄"级核潜艇被削减改装为能发射154枚"战斧"导弹的巡航导弹核潜艇，并具有搭载"海豹突击队"特种运载舱执行渗透任务的能力。

"洛杉矶"级
——攻击核潜艇

"洛杉矶"级是美国海军第五代攻击核潜艇，也是世界上建造批量最大的一级核潜艇，共建造62艘，具有优良的综合性能，主要承担反潜、反舰、对陆攻击等任务。首艇SSN－688"洛杉矶"号于1972年2月8日开工，1976年11月13日服役，最后1艘SSN773"夏延"号于1996年3月服役，持续时间长达20余年，最终完成了数量高达62艘的庞大造舰计划。其中，从1985年8月开工的SSN751"圣胡安"号开始，对"洛杉矶"级后23艘做了较大改进，性能进一步提高。

● 超酷档案

"洛杉矶"级全长110.3米，宽10米，水上航行时吃水9.9米，水上排水量6080吨，水下排水量6927吨，水下航速32节，艇员编制133人，其中军官13名。其动力装置为1座通用电气公司S6G压水反应堆，2台蒸汽轮机，功率达25725千瓦，1台辅助推进电机239千瓦。从SSN751"圣胡安"号开始，该级艇加装消音瓦。

● 高速制胜

20世纪60年代中期，美苏发展核潜艇竞争激烈。为了对抗前苏联最快的水面舰队，美国海军需要长期地搜索、跟踪和多次攻击其舰艇。于是，美国从1964年开始研究SSN688级高速核潜艇，以取得对苏核潜艇抗衡的优势，最终该级定名为"洛杉矶"级，并从1968年升始正式进行该级艇的研制工作。在此之前的美国核潜艇，大多以海洋生物主要是鱼类命名，而到"洛杉矶"级时，改用美国城市来命名，这与美国以往命名巡洋舰的方法相同，这表明美国海军开始把核动力攻击潜艇当作舰队的主力来看待了。

● 武器装备

"洛杉矶"级核动力攻击潜艇设计之初，正是美国海军上下进行潜艇"高速型"和"安静型"争论之时，当时两种设计思想各执己见，互不相让。于是，只好设计建造体现两种设计思想的两级潜艇：安静型的"利普斯科姆"级和高速型的"洛杉矶"级。经过试验，美国海军接受了高速型的"洛杉矶"级。其实"洛杉矶"级的获胜并不是单纯追求高速的结果，而是较好地处理了高速与安静的关系，使潜艇的航速在降低噪音的基础上达到最大的结果。

"洛杉矶"级在舯部装有4具533毫米鱼雷发射管，可发射各型导弹和鱼雷。从SSN791"普罗维登斯"号开始，该级艇装备了"战斧"导弹垂直发射装置，该装置为12个发射管，布置在艏部BQQ5球型声呐基阵后面的耐压壳体外，不占用艇体内部空间，从而避免了拥挤现象。

"海狼"级
——攻击核潜艇

"海狼"级潜艇是美国在冷战后期设计的一种潜艇,使用了最先进的技术,装备了最强大的武器,并创下水下航速最高、隐身性最好、机动能力最强等多项纪录。主要用于深海区的反潜,也能有效地突破敌反潜障碍,被称为美国海军实施前沿威慑的理想武器。

● "卡特"号火力凶猛

作为"海狼"家族的最新成员,"卡特"号的技术含量最高。它历时10年建造,成本高达32亿美元。艇身全长135米,排水12151吨。它在水下的巡航速度可达25节,最大下潜深度为610米。艇上装备50枚"战斧"巡航导弹、"捕鲸叉"反舰导弹和MK48-5重型鱼雷,另外还携带100枚水雷。它是美军最先进、火力最强大的潜艇。"卡特"号核潜艇的静音性比前两艘"海狼"还要好。它采用了浮阀减震、艇体表面敷设消声瓦、泵喷射推进等降噪技术,使噪声降到了90分贝左右,在高速行驶时比"洛杉矶"级核潜艇停靠码头时的动静还小。

● 水下间谍

与前两艘"海狼"相比,"卡特"的艇身长了30多米,排水量增加了2500吨,这是因为它加装了一个多任务平台。这个平台能担负新一代武器、传感器和水下航行装置的试验任务,还可以用来对水下战概念进行秘密研究、开发、测试和评估。因此有人还把"卡特"号称为美国海军"水下试验室"。"卡特"号搭载了最先进的电子侦察设备,可以接近敌国海岸从事间谍活动。"卡特"的另一项重要使命是担任美国海军"水下间谍",在水下搜集情报,包括对重要目标进行侦察与监视,窃听海底电缆通信内容等。此外,它上面还可搭载"先进投送系统",能一次投送50名全副武装的"海豹"特种兵。

● 后继无人

"海狼"级核潜艇虽然难觅对手,但由于它造价太高,再加上冷战结束后美国的安全形势发生了变化,美国国会于1995年决定在第三艘

"海狼"级核潜艇完工后就中止该项目，转而发展价格相对便宜的"弗吉尼亚"级核潜艇，美国海军计划以每年一艘的速度采购30艘该型潜艇，用以逐步取代现役的"洛杉矶"级攻击潜艇。

"红宝石"级
——攻击核潜艇

法国的核潜艇发展较晚，而且选择了一条与众不同之路。它首先发展的是战略核潜艇，这与其坚持独立的国防政策、急需核威慑力量有关。法国于1976年才开始建造自己的第一级攻击型核潜艇，也是世界上最小的一级核潜艇："红宝石"级。

● 超酷档案

"红宝石"级全长72米，宽7.6米，水上航行时吃水6.4米，水上排水量2385吨，水下排水量2670吨，仅相当于一艘常规潜艇，不负"袖珍核潜艇"的称号。动力装置为CAS48型一体化核反应堆，功率为48兆瓦，堆芯寿命25年。该级艇最大下潜深度300米，改进型增加到350米，水下最高航速25节，自持力45天，改进型为70天，编制人数70人。

● 研发背景

法国海军最初于1954年尝试建造核动力攻击潜艇，第一艘于1956年研制。不久，因美、法两国的政治冲突，导致美国拒绝供给核子反应所需的浓缩铀，法国被迫自行研发使用天然铀的重水核反应炉，然而这种核子反应炉对计划中的潜艇而言，相对过于庞大，因此整个计划不得不中止。之后，法国全力投入于核力弹道导弹潜艇"果敢"级的发展，而且"果敢"级的成功让法国获得不少重要的技术和经验，使法国有能力制造极为精密的核子反应炉，从而使主机发电系统的体积大为缩小，"红宝石"级潜艇因此成为世界上最小的核子动力潜艇。

● 用武之地

该级潜艇虽然小，但有其自身的优势。大型核潜艇有时在浅水区会变得"英雄无用武之地",而排水量不到3000吨的小型核潜艇却正好大显身手。法国是地中海沿岸国家,它的海军主要活动在地中海地区,而这一海域非常适合"红宝石"一显身手。

● 鲜明特点

该级潜艇的小尺寸反应堆也很有特点,它采用了"积木式"的一体化设计原理,即反应堆的压力壳、蒸汽发动器和主泵联结成一个整体,反应堆的所有部件都是一个完整的结合体,这就使反应堆具有结构紧凑、系统简单、体积小、重量轻、便于安装调试、可提高轴功率等一系列优点,并有助于采用自然循环冷却方式,降低潜艇的辐射噪声。

战 机

翱翔在空中的雄鹰
——军用飞机

军用飞机是指用于直接参加战斗、保障战斗行动和进行军事训练的各种飞机的统称，是各国航空兵的基本装备。现代战争之所以称之为："立体化战争"，这与军用飞机在战争中起到的作用是密不可分的，它甚至能影响到一次战争的胜利与失败、国家的生存与灭亡……

● **结构组成**

军用飞机主要由机体、动力装置、起落装置、操纵系统、液压气压系统、燃料系统等组成，并有机载通信设备、领航设备以及救生设备等。军用战斗飞机还有机载火力控制系统和电子对抗系统等。机体由机身、机翼和尾翼组成。有的飞机机身内设有炮塔和炸弹舱。为保证向喷气式发动机提供足够的空气，提高进气效率，在机体或发动机舱前面装有专门的进气口和进气道。机体主要用铝合金制成，主要受力部件采用合金钢或钛合金，碳素纤维复合材料等，非金属材料的应用也日益增多。现代军用飞机的发动机多为涡轮喷气式或涡轮风扇式，也有一些是涡轮螺旋桨发动机，直升机普遍采用涡轮轴发动机。

● **操纵系统**

操纵系统是飞行员用以操纵飞机的装置。低速飞机靠飞行员用体力操纵驾驶杆和蹬舵，经过连杆、钢索的传动来操纵升降舵、方向舵、副翼等可动翼面；高速或大型飞机还装有助力操纵装置。20世纪80年代的新型歼击机，已使用由计算机自动控制的电传操纵系统，飞行员根据需要进行操纵。计算机自动处理，使得飞机能够发挥最佳的性能，这种系统还可用来保持飞机的姿态稳定。

● 作战半径

军用飞机的作战半径与飞机在战区活动时间的长短、发动机使用方式、飞行高度等有关。了解现代直接用于战斗的飞机的作战半径，通常应弄清出航、突防和返航时的高度范围，例如"高、低、高"作战半径，即表示"出航时飞高空，接近目标突防时改为低空，返航时又飞高空"条件下的作战半径。喷气式飞机在大气对流层飞行时，飞得高一些比较省油，所以"高、低、高"作战半径较大。歼击机和歼击轰炸机的作战半径，约为航程的1/4～1/3。轰炸机的作战半径约为航程的1/3～2/5。

● 航程和续航时间

军用飞机的航程和续航时间一直在逐渐增加。歼击机的最大航程达2000千米，带副油箱时可达4000千米。轰炸机、军用运输机的最大航程达14000千米。高空侦察机的航程超过7000千米。如果对飞机进行空中加油，每加一次，航程可增加20%～40%；进行多次空中加油，其最大航程就不受机内燃料数量的限制，而取决于飞行人员的耐力、氧气储存量或发动机的滑油量等因素。

● 飞行高度

由于直接用于战斗的飞机并不需要飞得太高，20世纪60年代以来，军用飞机的最大飞行高度变化不大。歼击机的实用升限在20000米左右，高空侦察机如美国的SR-71，实用升限约25000米。用急跃升的方法所能达到的最大飞行高度（称动升限），有的军用飞机已达35000米或更高一些。轰炸机和歼击轰炸机的实用升限，多数不超过16000米。现代直接用于战斗的飞机，为避免被对方雷达早期发现，常从低空或超低空突防，某些起飞重量超过100吨的轰炸机，突防高度可低至150米左右，强击机的突防高度为50米～100米。

● 起落装置

起落装置又称起落架，对飞机而言，实现飞机的起飞与着陆过程功能的装置主要就是起落架。起落架就是飞机在地面停放、滑行、起降滑跑时用于支持飞机重量、吸收撞击能量的飞机部件。陆上飞机的起落装置，一般由减震支柱和机轮组成，为适应飞机起飞、着陆滑跑和地面滑行的需要，起落架的最下端装有带充气轮胎的机轮。另外还有专供水上飞机起降的带有浮筒装置的起落架和雪地起飞用的滑橇式起落架。

● 武器系统

空中力量的作战效果取决于飞机、飞机武器系统及其作战方法。而飞机武器系统的发展受到军事战略和战术思想变化的制约，它包括飞机所挂载的各种武器系统，比如：各种导弹、炸弹以及航炮等。作战飞机的发展既是促进飞机武器发展的动力，又在体积、重量、外形、能源和工作环境等方面制约武器的发展。从对21世纪空中力量的作战环境、目标特性和新技术发展的分析与预测来看，未来飞机武器系统发展的主要特点是内部悬挂、远距发射、发射后不管、精确制导、飞机和武器的综合性能以及能对付精导武器、隐身目标和实施信息攻击。

低空杀手
——A-10"雷电"攻击机

A-10"雷电"是单座亚音速攻击机，因为战术攻击作战并不需要太大的速度，亚音速飞行更能提高对小目标的攻击命中率。它是目前美国空军的主力近距支援攻击机，主要用于攻击坦克、装甲车群和战场上的活动目标及重要火力点。1967年开始研制，1975年开始装备部队，一共交付美国空军713架。

● 超级展示

A-10"雷电"攻击机载弹量大、发射速度快、杀伤力强，最低飞行高度30米，是低空飞行针对地面散兵游击的最佳战机。机头前下方装着一门30毫米7管速射机炮，每分钟能够发射4000发子弹，凡是被它盯上的地面目标，无论是碉堡还是小分队，都会变成马蜂窝。A-10攻击机的两个机翼下挂满了弹药，包括28颗多功能炸弹、8颗900千克炸弹、8颗燃烧弹、4个AIM-9"响尾蛇"空对空导弹、6枚AGM"小牛"空对地导弹、36颗集束炸弹。凭借超强的载弹量，A-10几乎能够胜任一切地面协同作战任务，是地面装甲类战车的空中克星。在海湾战争期间，

A-10攻击机曾经大显身手，伊军90%的坦克、装甲车都是被A-10摧毁的。

● 迷彩文化

从第一次世界大战开始，美国士兵就有在武器装备上涂上各种图案的传统，但大规模地在飞机上涂满图案还是从A-10攻击机开始的。第一架A-10攻击机是灰色的武装直升机，后来为了适应不同的战场，被改为深绿、浅绿、雪白等。1974年后，美国空军和空中国民警卫队开始大胆地在A-10攻击机的机头上"搞创作"，各飞行联队发挥想象，请专人精心设计了代表自己队伍的图案，有卡通人物、泳装美女、小动物、鬼怪等。23联队采用了二战中"飞虎队"成员陈纳德的设计——鲨鱼头，使机头下方的速射机炮与鲨鱼牙齿巧妙地融合在一起，飞机俯冲的时候，让人望而生畏，威慑力很强；917联队采用了白牙黑眼的魔鬼头，执行任务时犹如天上飞行的怪物，面部狰狞。

● 杀人机器

A-10攻击机在战场上杀人无数，除了1990年的海湾战争外，它还参加了科索沃空袭的收尾工作。在巴尔干半岛上，A-10攻击机共投下3.1万枚贫铀弹，给前南联盟留下了无穷的隐患，既伤害了当地居民，又让后来入境维和的北约士兵吃够了苦头。在阿富汗崇山峻岭中执行"蟒蛇行动"的美军都有这样的经验，明知敌人就在前方不远处，但由于障碍物太多，很难实施打击。但如果A-10出马，就能够利用低空飞行的优势，在塔利班和"基地"恐怖分子的头上发起进攻，其巨大的威力往往会把敌人的尸体炸飞。

空中的旗帜
——"超级军旗"攻击机

"超级军旗"攻击机是法国达索飞机公司生产的舰载攻击机，是20世纪60年代"军旗"IVM攻击机的改进型，1978年开始装备法国海军，先后装备了"克莱蒙梭"航空母舰、"福熙"号航空母舰和"戴高乐"航空母舰。

● 超级展示

"超级军旗"采用悬臂式中单翼，相对厚度在翼根处为6%，翼尖处为5%。上反角1°，1/4弦线后掠角45°。在航空母舰上停放时，翼尖可向上折叠，翼展由原来的9.6米缩小为7.8米，方便了上舰。副翼为插入式，由不可逆复式液压系统操纵，有人工感觉装置，当飞行员操纵副翼期间，这套控制系统可赋予飞行员适当的阻力。机翼上表面装扰流片，它位于双缝襟翼之前。前缘襟翼由液压系统操纵。在外翼段翼弦向前延伸，形成前缘锯齿形。"超级军旗"空重为6500千克，任务起飞重量为9450千克～11900千克，最大载弹量为2100千克。该机高空最大飞行速度为1.3马赫，实用升限13700米，携带"飞鱼34"导弹执行作战任务时航程为940千米。

● 武器装备

"超级军旗"装备了多种威力强大的武器，包括两门30毫米"德发"机炮，位于发动机进气口下方，每门备弹125发。机身下设挂架一个，可带250千克炸弹、600升可抛放式副油箱、可卸式空中加油设备吊舱或侦察吊舱。翼下挂架4个，每个可挂250千克炸弹，2枚马特拉公司的"魔术"空空导弹，或4个火箭发射巢（每个装18枚68毫米火箭弹）。两个内侧翼下挂点可带2个625升或一个1100升副油箱，或1枚AM39"飞鱼"式反舰导弹和1个副油箱。"超级军旗"甚至还可携带核炸弹或核导弹。

● 马岛战记

1981年起，法国向阿根廷出售14架"超级军旗"，但因1982年马岛战争爆发，只交付了5架。正是这5架"超级军旗"从陆地基地起飞，在1982年5月4日击沉了"谢菲尔德"号，且"超级军旗"自身未受到任何损失。但为了解除"超级军旗"攻击机的威胁，英军在"谢菲尔德"沉没两天后派特别空勤团的一支小分队袭击了阿根廷本土的加列戈斯空军基地，砸毁了阿根廷的5架"超级军旗"攻击机。

身经百战
——F-117A"夜鹰"隐身攻击机

F-117A是美国前洛克希德公司研制的隐身攻击机,是世界上第一种可正式作战的隐身战斗机。具有很好的雷达、红外和目视隐身能力,主要用于携带激光制导炸弹对目标实施精确攻击。该机服役后一直处于保密之中,直到1988年11月10日,空军才首次公布了该机的照片,1989年4月F-117A在内华达州的内利斯空军基地公开面世。

● 隐形措施

F-117A最主要的特点就是隐身性能好,雷达和红外探测装置难以发现其踪迹。F-117A的雷达反射面积(RCS)在0.01平方米~0.001平方米之间,比一个飞行员头盔的RCS值还要小。该机采用了独特的多面体外形设计,机翼和蝶形尾翼均采用菱形剖面,机身为两端尖削的飞行角锥体,机身框架上覆盖有平板型蒙皮,发动机进气道和机身的顶部边缘与机翼前缘平行,尾喷口边缘与机翼后缘平行,整个飞机的外形都是由很多折面组成,并涂有吸波材料,使得雷达反射波集中在水平面的几个波束内,从而达到隐身的目的。该机还采用了一些降低红外辐射和飞机噪音的措施。此外,F-117A并不是完全不会被雷达发现,因此美军在使用F-117A时,同时要派干扰飞机与之配合。

● 武器装备

F-117A战斗机的所有武器都挂在武器舱中。武器舱长4.7米、宽1.57米,可挂载美国战术战斗机使用的各种武器,如AGM-88A高速反辐射导弹、AGM-65"幼畜"空对地导弹、907千克口径的GBU-10/24/27激光制导炸弹、GBU-15模式滑翔炸弹(电光制导)、B61核炸弹和空对空导弹等。

● 声名鹊起

在海湾战争中,F-117A更是名声大噪。在"沙漠风暴"期间执行危险性大的任务达1271次,而无一受损。在多种参战飞机中,唯有F-117A承担了攻击巴格达市区目标的任务。F-117A的出勤率也很高,按照小队的任务计划，飞行员值班长达24小时，休息8小时~12小时后，再飞两个夜间任务。据统计，在整个战争期间，F-117A承担了攻击目标总数的40%，投弹命中率为80%~85%。当然F-117A也不是没有攻击失误的情况，主要原因可能是天气、烟尘和有关目标的信息不足所造成的。

● 打破神话

F-117A战机唯一被击落的事件发生在科索沃战争期间，它被塞尔维亚军队摧毁。1999年3月27日晚上9时，在塞尔维亚的上校命令下，南联盟军队第250导弹旅第3营，在贝尔格莱德以西60千米地区，使用"萨姆3"型导弹击落了一架编号82-806的F-117A战机，随后坠毁在贝尔格莱德以西40千米的布贾诺伏契村附近。从此打破了不败的神话，令全球军事观察员大跌眼睛。

● 机型退役

F-117A作为第一代隐形战机，技术并不是很成熟。由于主要靠棱角外形反射雷达波，在进攻前都要预先定制进攻飞行路线和角度，一旦有所改变，隐形便告失效。加上空袭南联盟时，捷克已造出可以探测F-117A的雷达，导致一架F-117A被击毁落。其实，F-117A为了隐形牺牲了气动外形，没有超音速飞行能力，同样为了隐形，武器挂载只有两枚内置对地导弹，无空战能力。在2008年4月22日，美军将现役的最后四架F-117A隐形战机悄悄飞抵位于内华达州的"沙漠飞机养老院"，并且被封存在一座特殊的水泥机库内。

黄蜂中的天尊
——F/A-18"大黄蜂"战斗攻击机

F/A-18是美国麦克唐纳·道格拉斯公司为美国海军研制的舰载单座双发超音速多用途战斗攻击机，主要用于舰队防空，也可用于对面攻击。最初的计划是研制两种单座型，即执行空战任务的F-18和执行攻击任务的A-18。但两种型号非常相似，因而将它们统一为一种机型，称F/A-18。F/A-18A/B的第一架原型机于1978年11月18日首飞，1980年5月交付美国海军。

● 超级展示

F/A-18是一种超音速的多用途战斗攻击机，该机翼展11.43米，机长17.07米，机高4.66米，空战起飞重量15740千克，高空最大平飞速度1910千米／小时，空战作战半径740千米。主要特点是可靠性和维护性好，生存能力强，大迎角飞行性能好以及武器投射精度高。该机的机体是按6000飞行小时的使用寿命设计的，机载电子设备的平均故障间隔为30飞行小时，雷达的平均故障间隔时间为100小时，电子设备和消耗器材中有98％有自检能力。

● 大黄蜂家族

F/A-18家族中目前共有A、B、C、D、E、F六种型号，其中A型和C型偏重攻击和空中格斗，B、D型则大多被当作教练机来使用，E、F型是家族中的最新成员。F/A-18A、D能执行空对空和空对地攻击任务，E、F携带自卫空空导弹时还能执行攻击性加油机的任务。其主要担负的任务包括舰队防空、压制敌防空火力、拦截、自我护航、进攻性和防御性空战和近距离空战支援。在一般压制敌防空行动中，F/A-18携带2个副油箱、2枚AGM-88A反辐射导弹、2枚AIM-7和2枚AIM-9导弹。在典型的拦截任务中，F/A-18一般携带3枚MK20集束炸弹、2个副油箱、2枚AIM-7和2枚AIM-9导弹。它被部署在航母上，与航母战斗群一起执行部署任务。

● 武器装备

F/A-18主要武器有1门20毫米机炮，备弹570发，共有9个外挂架，两个翼尖挂架各可接1枚AIM-9L"响尾蛇"空对空导弹。两个外翼挂架可带空对地或空对空武器，包括AIM-7"麻雀"和AIM-9"响尾蛇"导弹；两个内翼挂架可带副油箱或空对地武器；位于发动机短舱下的两个接架可携带"麻雀"导弹或马丁·马丽埃塔公司的AN/ASQ-173激光跟踪器、攻击效果照相机和红外探测系统吊舱等。F/A-1BC和D型还可带先进中距空对空导弹和"小牛"空对地导弹。

● 超级大黄蜂

F/A-18E/F是最新改型，因此它也被称之为"超级大黄蜂"，E型为单座，F型为双座。采用了隐身外形设计，包括原来的圆形进气道改为方形进气道，涂漆含有吸收雷达辐射的材料。改换更大推力的发动机，前机身延长0.86米，翼展加宽1.31米，机翼翼面增大9.29平方米，因此翼载减小；水平尾翼也有所增大，后掠角减小；机翼前缘边条面积增大了34%；机翼及机身的改进令动力性能有极大改善。其主要特点是增大了航程、每侧机翼处增加1个外挂架，而且机翼内侧挂架的最大挂载能力提高到2400千克，增加了载弹量和提高了作战能力。其电子系统中约有90%与F/A-18C/D通用，雷达选用了AN/APG-73，战斗半径增加了40%，航程增加了30%之多。

● 实战表现

在1986年3月的"草原烈火"行动中，F/A-18首次参与实战，对利比亚的岸基设备实施打击，其中包括SA-5的导弹基地。此次行动也是AGM-88A哈姆反辐射导弹首次参与实战行动。1986年4月15日的"黄金峡谷"行动中，F/A-18与A-7E使用哈姆导弹攻击了利比亚的萨姆导弹阵地。1991年的海湾战争中，共190架F/A-18参战，海军有106架，陆战队有84架。2002年11月6日，"林肯"号航母上部署的F/A-18E/F首次参与实战行动，使用精确制导弹药对伊拉克的两套萨姆导弹、1个指挥控制和通信设施实施了打击。

冲天"战隼"
——F-16"战隼"战斗机

F-16"战隼"是美国通用动力公司为美国空军研制的单发单座轻型战斗机，主要用于空战，也可用于近距空中支援。F-16生产型于1976年12月首飞，1978年底开始交付部队使用，现已成为美国空军的主力战机之一。它服役于24个国家，是由于F-16"战隼"优异的性能使它在外销市场成功的原因，难怪F-16有"国际战斗机"之称。

● 超级展示

F-16采用了边条翼、空战襟翼、翼身融合体、电传操纵系统、再加上性能先进的电子设备和武器，使之具有结构重量轻、外挂载荷量大、机动性好、对空对地作战能力强等特点,是具有代表性的第三代战斗机。该机先后发展了11种机型,主要型别有A型,基本型;B型,由A型演化的双座战斗及教练机;C型、D型为改进型。该机最大平飞速度(高度12000米)2120千米/小时,巡航速度(高度11000米)849千米/小时,实用升限15240米。

● 武器装备

F-16原型的主要武器装备为1门20毫米多管机炮,备弹511发,全机有9个外挂点,两个翼尖各1个,机身下1个,机翼下6个。外挂武器包括:AIM-9"响尾蛇"近距空空导弹以及AIM-7"麻雀"中距空空导弹。F-16C上携带着最先进的几样装备,翼尖上是AIM-120先进中程空空导弹,AIM-9"响尾蛇"近距空空导弹,绿色的是激光制导炸弹,再靠内是副油箱。座舱与进气道间有一个开口,是M61"火神"机关炮的射击口。

● 独特设计

F-16机身为半硬壳结构,采用翼身融合体的设计,使机身与机翼平滑连接,不但可减小飞行阻力,提高升阻比,而且对结构强度有好处,可减重258千克,也对减小雷达反射面积很有好处。尾部有全动式平尾,平面形状与机翼相似,翼根整流罩后部是开裂式减速板。垂尾较高,安定面大,后缘是全翼展的方向舵。腹部有两块面积较大的安定翼面。起落架为可收放的前三点式。座舱盖为气泡形,飞行员视野好,内装零零弹射座椅。

● 新颖进气道

在F16出现以前,战斗机的进气道大多采用机头和机身两侧进气,F16一改这一传统,将进气道设计在机身的腹部,这样的优点是,在飞机大仰角飞行或侧滑时,气流稳定而且不会在机炮发射时产生烟雾。

● 辉煌时刻

1981年6月7日,以色列的8架F-16各携带2000千克炸弹,在8架F-15的掩护下,往返飞行2000多千米,对位于伊拉克首都巴格达郊区的一座核反应堆进行了一次突然袭击,使这座耗资几亿美元的核设施毁于一旦。

海湾战争中，各国部队共有250多架F-16战斗机参加了对伊拉克的突击。1991年1月19日出动了56架F-16对巴格达核研究中心发动一次空袭，是战争中投入飞机最多的一次空袭。在整个战争期间，F-16共出动了13480架次，是多国部队飞机出动率最高的一种飞机。

九命雄猫
——F-14战斗机

F-14"雄猫"是根据美国海军20世纪70～80年代舰队防空和护航的要求研制的双座超音速舰载多用途重型战斗机，由格鲁曼公司研制，用来替换海军的F-4战斗机。

● 超级展示

F-14的主要作战任务是护航，在舰队防空方面能在距舰队160千米~320千米的空域巡逻2小时或从航母甲板弹射起飞执行截击任务，遮断和近距支援等。该机机载设备有脉冲多普勒雷达，可截获120千米~315千米内的空中目标，可以同时跟踪24个目标和攻击其中的6个目标。机上还装备了火控系统，数据传输系统，中央大气数据计算机等先进的现代电子设备。武器有1门20毫米6管机炮，备弹675发，外部挂架可以挂4枚"麻雀"导弹加4枚"响尾蛇"空空导弹，或者同时挂6枚"不死鸟"导弹，除此之外还可以携带AIM-120先进中距空空导弹、AGM-88高速反辐射导弹、MK82炸弹及其他武器，最大载弹量6.58吨。最大速度2485千米/小时，最大巡航速930千米/小时，实用升限15240米，作战半径720千米，最大航程3220千米。

● 军事迷最爱

海军的战斗机群中，最受到军机迷喜爱的机种，莫过于昵称为Tomcat(汤姆猫)的F-14雄猫式战斗机。此型战斗机之所以受到军事迷的喜欢，原因除了Tomcat超酷绝美的造型外，强大的战斗力更是重要因素。像F-14雄猫式战斗机所挂载的不死鸟导弹，是让"决胜于千里之外"的战略名句彻底实现的代表武器。

● 影视明星

由于影片《壮志凌云》是作为征兵宣传片拍摄而获得军方的大力协助，美国海军提供了5个中队的现役 F-14 与8名现役飞行员参与航拍，另外作为 F-14 对手片中的 MIG-28 则来自米拉马航空站的 TOPGUN 学校，飞行员都是该校教官。当时 F-14 每小时的飞行成本高昂，仅航空油料一项就达 7000 美元，但在军方的大力支持下一切都不成问题。《壮志凌云》是军事电影题材中难得一见的大手笔，片中一个半小时精彩激烈的空战镜头，无疑对军机迷有着致命的吸引力，该片获得了当年奥斯卡多项大奖。

● 唯一的海外用户

F-14A"雄猫"战斗机只出口过一个国外客户即伊朗，共计80架。在20世纪70年代，正是两国关系良好时期，1972年5月，尼克松总统访问伊朗期间，伊朗国王向他提到前苏联空军的 MIG-25"狐蝠"已经多次进入伊朗的领空。国王希望尼克松能够提供阻止这些入侵者的更先进的战机，而尼克松则告诉他美国将提供 F-14"雄猫"或 F-15"鹰"式战斗机。最终伊朗挑选了 F-14。

猛禽王者
——F-22隐形战斗机

F-22"猛禽"是由美国洛克希德·马丁、波音和通用动力公司联合设计的新一代重型隐形战斗机，也是目前专家们所指的"第四代战斗机"（此为西方标准，若按俄罗斯标准则为第五代）。它将成为21世纪的主战机种。F-22"猛禽"是继 F-117A、B-2 列装之后美国空军第三种投入使用的隐形战机。它号称集隐形、超音速巡航、大载弹量、远航程、高机动性、空战和轰炸性能于一身。

● 超音速巡航

超音速巡航要求飞机具有在发动机不开加力的情况下，飞机以1.5倍音速飞行至少持续半个小时以上，超音速巡航能力可以提高其生存力。一架以1.5倍音速飞行的F22上发射的AIM-120，其初速度要快得多，更多的燃料可以用在后续航程中。战机穿越防空系统传感器探测范围的时间越短，留给防空系统攻击范围减小幅度也越显著。无论是尾翼还是前置拦截，高速度都显著缩短了有效射击时间，可以说，F22已经具有飞行员梦寐以求的，在超视距空战中"先敌发现、先敌开火、先敌击落"的优势。

● 超强的电子设备

F-22的综合机载电子设备包括：中央数据综合处理系统；综合通讯、导航和识别系统，包括无线电电子对抗系统的全套电子战设备；高分辨率的机载雷达和光电传感器系统；两个激光陀螺仪的惯性导航系统。机载雷达为带电子扫描的主动定相天线阵，它包括了1000多块模块。为提高隐蔽性，设计有雷达站，以主动状态工作时信号不容易被截获。飞行员座舱内的自动仪表设备包括4台液晶显示器和广角仪表起飞着陆系统。

● 武器装备

F-22除执行空中优势任务外，也能使用联合直接攻击弹药这类的武器进行精确对地攻击。机上装有1门内装机关炮和3个内部武器舱：2个武器舱沿进气道安排，每个舱可容纳1枚AIM-9M导弹；另1个武器舱在机身的下部，可容纳4枚火箭AIM-120A导弹或安排4枚AIM-120C导弹和副油箱。

● 空中变色龙

F-22被美军昵称为"空中变色龙"，机身可变成与天空相配颜色。比起即将退役的美国第一代隐形战机F-117"夜鹰"，新一代的F-22隐身能力更强。F-22采用双垂尾双发单座布局。垂尾向外倾斜27°，恰好处于一般隐身设计的边缘。其两侧进气口装在边条翼下方，与喷口一样，都做了抑制红外辐射的隐身设计，主翼和平尾采用一致的后掠角和后缘前掠角，水泡型座舱盖凸出于前机身上部，全部投放武器都隐蔽地挂在4个内部弹舱之中。隐身性能的大幅改善使F-22"猛禽"战斗机可以首先发现敌方飞机，从而可以在敌机尚未发现自己前先于对手实施打击。

● 奔向未来

美国空军说："F-22并非今日所需，而是为了对付明天的威胁。因此，我们不是为了解决今天的问题在研制，而是要回答今天所能预料的明天会出现的所有可能的问题。我们考虑的是美国空军明天的空中优势。因此F-22必须组合有最好的隐身、超音速巡航、一体化航空电子、敏捷性以及作为制空权所需的对空、对地致命的打击和支援性。"

战争的支点
——米格-29战斗机

米格-29战斗机是前苏联研制的双发高机动性超音速战斗机，北约组织称之为"支点"。可执行截击、护航、对地攻击和侦察等任务，该机是针对美国F-16和F-18设计的，设计的重点是强调高亚音速机动性、加速性和爬升性能，为典型的第三代战斗机。

● 超级展示

米格-29其翼展11.36米～13.965米，机长17.32米，机翼面积38平方米；正常起飞重量15240千克，最大起飞重量18500千克；海平面最大速度1500千米/小时，实用升限17000米，航程1500千米(不带副油箱)、2900千米(带1个500升、2个800升副油箱)，起飞滑跑距离250米，着陆滑跑距离600米。米格-29YB是双座型，首架原型机于1981年首飞。除俄罗斯空军大量装备外，还出口到世界上许多国家，成为这些国家空军的主力战机。

● 武器装备

该机机翼左内侧前缘装1门30毫米GSH-301机炮，备弹150发。每个机翼下各有3个挂点，可挂6枚R-60T或R-60MK红外空空导弹，或R-60TMK和两枚R-27R1中距雷达制导导弹，也可携带R-73A或R-73E红外空空导弹，以及各种炸弹和火箭等。最大武器外挂量为3000千克。

● 超级火控

米格-29的火控系统是最令人感兴趣的。一般西方战机大都完全依靠雷达,而在米格-29上有三套不同的系统:与激光测距仪连用的脉冲多普乐雷达;红外搜索跟踪系统,装在驾驶舱前面的圆球里;头盔目标导向系统。这三种系统通过火控电脑互相联系,完全自动,这使得米格-29火控系统非常有效且抗干扰能力极强。一般很难同时干扰这三种系统,这三种系统测距也比雷达准得多,这大大提高了机炮的射击精度。该机当要离轴发射格斗导弹时,飞行员只要把头盔朝向目标,火控系统就能自动决定最佳发射时机且自动发射。

● 武林较量

美国一直声称,它们的F-16对米格-29的战绩是多少比零。其实美国人打下来的米格-29,是在海湾战争和科索沃战争中击落的伊拉克和南联盟的米格-29。能取得这样的"战绩",不是因为F-16性能如何优越,而是因为伊拉克和南联盟在预警指挥、电子战等方面与美国人差距太悬殊。那根本就不是F-16和米格-29在打,而是F-16加上空中预警机、电子战飞机甚至太空中的卫星来对付米格-29,是一场在作战环境和保障条件上"一边倒"的较量。

● 家族成员

在米格-29"家族"中还有一名重要的成员,就是俄罗斯于1995年推出的新米格-29SM,它功能增多,能胜任截击、攻击、侦察和空中指挥任务。其突破性的进展是使用了新的"黄玉"合成孔径雷达,对地扫描分辨率高达15米,可以发现时速15千米/时的低速目标,探测能力增强;以后将改装"甲虫"雷达,能跟踪12个目标,同时攻击其中4个;作战时不再仅仅进行对地或对空搜索跟踪,可以同时进行地形探测、捕获目标和进行跟踪;机动能力大大增强,改装R43发动机,优化了大攻击迎角的操纵能力,最大飞行迎角达30°;采用了隐身涂层,雷达反射面积降至1平方米。

跨海神鹰
——苏-30战斗机

苏-30多用途战斗机是俄罗斯苏霍伊设计局在苏-27基础上改进而成的战斗轰炸机。设计者在苏-27UB的基础上改进一种采用空中受油系统、新型导航系统、先进的惯导系统和火控系统的双座战斗机。在俄罗斯对外出口的武器清单中，苏-30是出现频率最高的武器之一。尽管它问世才20年时间，但在世界军用飞机市场上的风头，丝毫不亚于苏氏家族的其他兄弟。

● 超级展示

苏-30能长时间进行空中巡逻飞行，不进行空中加油的续航时间达到10小时。该机最大的特点是在保留苏-27的空战能力的基础上，增加了指挥战斗机编队作战的能力。它能使多架战斗机组成整体，协同作战。为此座舱后舱安装了战术情况显示器和编队指挥通信专用设备。机上还安装了先进的H001"宝剑"雷达，能使用新型的R-77中距空空导弹。该雷达可同时制导两枚导弹攻击两个空中目标，并具有对地攻击能力。座舱还配备了飞行员排泄处理装置，以适应长时间飞行所需。苏-30战斗机的实用作战半径为2300千米，实用升限为18000米。如此之大的作战半径和航程，使苏-30战斗机可以进行跨洲飞行或者越海作战，堪称"跨海神鹰"。

● 武器装备

苏-30的武器系统包括一门30毫米GSH-301航炮，装在机翼边条右侧前翼，带弹150发。12个外挂架，翼下8个，机身下4个，总载弹量8000千克。可携带8枚半主动雷达制导的R-27P1或R-27P1F中距空空导弹，两枚红外制导R-27T中距空空导弹，或6枚带主动雷达制导的R-77。格斗可使用6枚带红外制导的R-73近距空空导弹。对地可使用6枚电视制导或激光制导的X-29T、X-29II或X-29MII，或6枚电视制导KAB-500KP制导炸弹，每枚重500千克。非制导武器包括10枚500千克或31枚250千克普通炸弹，8个KMT-Y集束炸弹，或6组S-13和S-8火箭发射器。

● 卓越的性能

先进的电子设备是苏-30战斗机性能优越的重要体现。先进的空中指挥与控制系统，使苏-30足以担起空中指挥所的角色。1架苏-30战斗机可以同时指挥4架"苏-27"战斗机。高级头盔式瞄准系统使飞行员只需通过"看"就能给自己的导弹发出攻击指令，从而大大缩短了武器系统的反应时间。这种能力在超低空飞行作战中显得尤其重要，因为飞行员只有几秒钟的时间发现、确定并且打击目标。机舱的前方安装了功率更大的红外线搜索与跟踪系统、大功率脉冲多普勒雷达和光电雷达。机脊上安装的红外导弹警告扫描仪的性能，更是让人叹为观止：当敌方的空对空导弹袭来的时候，它不但可以向飞行员提出警告，而且还能引导自己的空对空导弹击中敌方的制导导弹以及飞机。

捍卫天骑
——"幻影"2000战斗机

继著名的"幻影"Ⅲ和"幻影"F1战斗机后，法国达索航空公司于20世纪80年代开发出了"幻影"2000多用途战斗机，主要用于截击和制空，也可用于执行对地攻击或战术侦察等任务，于1984年开始在法国空军服役。该机技术先进，是世界上为数不多的完全不"师承"苏美技术的战斗机之一。目前"幻影"2000已成为世界上最好、分布最广泛的战斗机之一。

● 超级展示

"幻影"战斗机，可称得上是一种"名牌"战斗机。从目前国外战斗机的研制和销售来看，真正能与美国和前苏联战斗机抗衡的，也就数"幻影"飞机了。"幻影"2000是独树一帜的第三代飞机，它重新启用"幻影"Ⅲ的无尾三角翼气动布局，以发挥三角翼超音速阻力小、结构重量轻、刚性好、大迎角时的抖振小、机翼载荷低和内部空间大以及贮油多的优点。与"幻影"Ⅲ相比，翼载荷减小约10%，机翼面积增大15%，进场速度低20%，爬升率是"幻影"Ⅲ的两倍。因大量采用碳纤维和硼纤维复合材料，结构部件重量减轻15%～20%。

● 家族成员

"幻影"2000家族的最新改型是"幻影"2000-5和"幻影"2000-9，改进包括采用全新的先进航空电子系统，及由RDY雷达和新的传感控制系统为核心的空对空、空对地的攻击系统。"幻影"2000-9型，实际上是2000-5的改进型。

"幻影"2000-5是一种单发战斗轰炸机，是为出口而研制的，该机主要用于对地攻击，也可执行截击作战任务，最大平飞速度2226千米/小时，实用升限17000米，作战半径1300千米。

"幻影"2000-9的作战能力更加全面而有效，采用了一种独一无二的机腹挂架，可以双联装方式挂载2枚500磅激光制导炸弹，这完全要归功于其激光制导炸弹的特制弹翼节省了挂载空间。这种新型挂架使得"幻影"2000-9能同时挂载2枚激光制导炸弹、2具副油箱、6枚空对空导弹。该机改良的关键来自于"阵风"战斗机的模块化信息处理单元，拥有上百兆的内存和数百赫兹的中央处理器，计算机容量和速度的提高使"幻影"2000-9能够携带更多现役或发展中的武器。

● 空中美人

"幻影"2000自装备部队以来，登上实战舞台的机会很少，但它却在电影《空中决战》中出尽了风头。在影片中，不仅有大量精彩纷呈的"劫机"与"反劫机"的空中较量，更有法国现役最先进战斗机"幻影"2000的风姿，由于其外观造型优雅，在影片中飞行姿态优美，所以得了个"空中美人"的雅号，影片中"幻影"战机的炫目空战场面配合劲爆的摇滚乐，足以令观众血脉贲张，大呼过瘾。并且在空中决战中用的是绝对货真价实的"幻影"2000而不是好莱坞惯用的模型，是法国空军派出数架"幻影"2000战斗机和数十架次的飞行协助拍摄的。影片结束时安东尼和队友驾驶飞机在云海中翩翩起舞，就如蝶舞般令人神往……

来去无踪的幽灵
——B-2隐形轰炸机

B-2隐形轰炸机是美国研制的一种双座四发动机飞翼式亚音速隐身

战略轰炸机，也是美国第一种隐身战略轰炸机，美国空军称其具有"全球到达"和"全球摧毁"的能力。

● 超级展示

隐身B-2轰炸机机身长21.03米，高5.18米，翼展为52.43米，最大载弹量22680千克。机上装有4台美国通用动力公司出产的F118-GE-100型涡扇发动机。飞机在空中不加油的情况下，作战航程可达1.2万千米，空中加油一次则可达1.8万千米。每次执行任务的空中飞行时间一般不少于10小时。B-2集各种高精尖技术于一体，更因隐身性能出众，被行家们誉为"本世纪军用航空器发展史上的一个里程碑"。比如：该机最大程度选用了量轻质坚且能吸收雷达波的多种非金属复合材料，同时由于其光电和红外反射性能也很低，在整体外形上光滑圆顺，毫无"折皱"，不易反射雷达波。

● 幽灵任务

B-2轰炸机有三种作战任务：一是不被发现地深入敌方腹地，高精度地投放炸弹或发射导弹，使武器系统具有最高效率；二是探测、发现并摧毁移动目标；三是建立威慑力量。美国空军扬言，B-2轰炸机能在接到命令后数小时内由美国本土起飞，攻击世界上任何地区的目标。

● 武器装备

B-2轰炸机的机载武器均装于机腹内，能携带16枚AGM-129型巡航导弹，也可携带80枚MK82型，或16枚MK84型普通炸弹，或36枚CBU-87型集束炸弹，使用新型的TSSM远程攻击弹药时携弹量为16枚。当使用核武器时，可携带16枚B63型核炸弹。此外，AGM-129型巡航导弹也可装载核弹头。目前B-2轰炸机主要使用的是激光制导贫铀炸弹，一枚这种类型的炸弹在轰炸效果上不低于100枚常规型号的226千克炸弹的总和。

● 角色不一般

B-2战略轰炸机由美国诺思罗普公司为美国空军研制。1982年4月8日，诺斯罗普公司买下了洛杉矶毕柯莱佛拉地区福特汽车公司的一座闲置的厂房，将其改装成无窗户的严格保密的工厂。整个公司处于军队与保安人员24小时的监视之下，用于B-2飞机的保卫措施的计划支出竟高达20亿美元。数千名关键岗位上的工人必需经过测谎器的测试。高级管理人员要求更严，只有极少数人知道计划的全部细节。诺斯罗普公司的一位副总裁，在被批准介入B-2计划之前，有关方面迫使他加拿大籍夫人改变国籍变成美国公民。

● 实力超强

美国空军曾根据海湾战争的实战情况，对B-2A的轰炸能力做过推算。以美军对伊拉克目标执行轰炸任务时常用的"攻击特遣队"为例，它通常由16架携带精确制导炸弹的攻击机、16架护航的战斗机、4架电子干扰机、8架压制地面防空炮火的对地攻击机和7架KC-135加油机编成。而这49架飞机的轰炸效果，如果换用B-2A，仅需要2架和4名机组人员即可。

同温层堡垒
——B-52轰炸机

B-52绰号为"同温层堡垒"，是由美国研制的一种亚音速远程战略轰炸机，自1955年起就开始在美国空军服役，是美国空军使用最久的一种战略轰炸机，有数种型号，主要用于远程常规轰炸和核轰炸。

● 堡垒的诞生

B-52轰炸机的发展计划要追溯到20世纪40年代末。当时，美军对其战术技术要求是：具有洲际航程，可以高空、高速执行战略核轰炸任务。洲际航程要求至少有1万千米以上的续航能力；所谓高空，是要求能在1.2万米以上作战；所谓高速，即1000千米/小时左右的高亚音速。B-52完全满足设计和使用要求，具有令人望尘莫及的远程续航能力和令人生畏的大载弹能力。由于B-52升限最高可处于地球同温层，所以绰号"同温层堡垒"也随之而来，这曾经是美国的骄傲。

● 超级展示

B-52轰炸机机机长49.05米，翼展56.39米，机高12.40米，飞机全重221350千克，最大载油量179430升（带副油箱2个），采用后掠上单翼，低平尾，单垂尾，翼下吊8台喷气发动机。机载设备主要有攻击电子系统、轰炸、导航系统、火控系统、电子战管理系统和通信系统等。该机的武器系统包括机尾炮塔内的1门20毫米多管机炮，一次可携20枚短距攻击导弹，或20多枚巡航导弹；弹舱和外挂架最大载弹量为27吨，是迄今为止美国最重的轰炸机。该机最大平飞速度为1010千米/小时，巡航速度896千米/小时，实用升限16770米。

● 作战好手

在越南战争中，B-52是大面积轰炸的主要工具，曾对越南南北方目标以及老挝、柬埔寨等地区进行过126615架次轰炸，其中，飞低目标区的有125479架次，占总出击架次的99.1%，投弹成功的有124532架次，占总出击架次的98.36%；海湾战争中，美国出动了68架B-52G轰炸机，对伊拉克的前线部队实施"地毯式"轰炸，执行1624次任务，总投弹量在2.57万吨以上，占海湾战争中美军所投炸弹的21%，占空军所投炸弹的38%，大大削弱了伊拉克地面部队的战斗能力，而且对伊军造成极大的心理影响。

空中枪骑兵
——B-1B战略轰炸机

B-1B由美国洛克韦尔国际公司研制，是20世纪70年代的可变后掠翼超音速战略轰炸机，美国军方一直认为B-1B是目前世界上威力最强大的战略轰炸机，因为在各国现役的战略轰炸机中，B-1B在航速、航程、有效载荷和爬升性能等各种技术指标中都有较大的优势。它主要用于执行战略突防轰炸、常规轰炸、海上巡逻等任务，也可作为巡航导弹载机使用。

● 可变后掠翼

B-1B机体最大的特色是采用可变后掠翼的形式，全开时可达到41.78米，后退时是23.84米。可变后掠翼飞机在起飞和着陆时，机翼是展开的，而在高空巡行飞行时，机翼是收拢的。这样的设计可以同时利用后掠翼在高速以及直线机翼在低速下的优点，使飞机飞行达到理想的机翼前缘升力。由于采用可变后掠翼，B-1B能从民间机场起飞作战。

● 飞行特色

B-1B在平坦的地面上可降低到60米的飞行高度，之所以能有如此超低空的飞行，归功于前方监视雷达和自动操纵装置组合而成的地形追踪系统。可持续判断前方2.5千米范围内的地形，然后由自动驾驶仪控制飞机与地面保持一定高度。因此，即使地形比较复杂，B-1B仍可以在离地60米的超低空实现高速飞行和作战攻击，当3个投弹仓同时打开时，能在2秒内迅速将全部弹药倾泻完毕，然后高速逃离。

● 武器装备

B-1B拥有3个纵列分布的弹舱和6个外挂点，B-1B所搭载的武器主要是炸弹、空对地导弹和核弹。B-1B的炸弹舱经过修改，可在机内搭载AGM-158巡航导弹及24枚的AGM-69SRAM短距离攻击导弹。除了在炸弹舱搭载16枚AGM-86外，机体下方也能配合加挂14枚。尽管其体形比B-52略小，但携弹量却比B-52还多。除了内弹仓可载34吨弹药外，B-1B还可外挂26吨的导弹，加起来高达60多吨。

● 隐身外观

B-1B具备一定的隐身性能，机身是由平滑的曲面所包覆，和主翼没有界线。曲面可分散雷达的电波，外型因而减少被雷达探测的可能性，也就是增加其隐身效果。B-1B被雷达截获的机身面积仅为1平方米，而体形相近的B-52则会被雷达截获多达100平方米的机身面积。

巨型白天鹅
——图-160"海盗旗"战略轰炸机

俄罗斯图-160"海盗旗"是一种超音速战略轰炸机，它具有全天候和昼夜攻击能力，亦可在各种纬度上执行战略轰炸任务。图-160"海盗旗"是前苏联最后一代、俄罗斯最新一代的远程战略轰炸机，它是目前世界上最大的轰炸机之一，具有独一无二的亚声速、超声速和低空飞行能力，在核战争中执行各种打击任务时，表现更灵活，适应性和作战稳定性更强。

● 超级展示

图-160采用变后掠翼布局，机翼较低，采用翼身融合体技术。机翼固定段前缘的后掠角较大，呈弧线形，直到机头座舱的两侧。可动段的后掠角度可手动选择，范围从20°~65°，当机翼全后掠时，两侧后缘襟翼的内段向上竖起，如同一对大翼刀，机翼的可动段上有全翼展前缘襟翼，后缘有较长的双缝襟翼及插入式下偏副翼。其最大飞行速度在高纬度地区2000千米/小时，在低纬度地区1030千米/小时。

● 武器装备

图-160"海盗旗"战略轰炸机兼顾核打击和常规打击能力，可以携载装有核弹头的远程导弹，最多可携12枚AS-15"肯特"空射战略巡航导弹，采用涡轮喷气引擎推进，最大射程约3000千米。它还能携载新研发的"肯特"C型空射巡航导弹，导弹可携带一个20万吨当量的热核弹头，巡航时高度为40米~110米，最大射程为5500千米。它既能在高空、超音速的情况下作战，发射具有火力圈外攻击能力的巡航导弹，又可以亚音速低空突防，用核弹头或导弹攻击重要目标，还可以进行防空压制，发射短距离攻击导弹。根据需要，图-160可以运载多达40吨的常规炸弹，以执行战略轰炸任务。

● 改变命运

前苏联解体后，"海盗旗"面临严重的经费压力。自普京就任俄罗斯总统之后，普京倡导新的国家军事安全学说，决心重振俄军雄风，下令重新启动图-160远程战略轰炸机生产线。正是因为普京总统和俄军高层对图-160的重视，俄罗斯政府决定将俄空军的图-160进行现代化改装，由原用于纯核威慑变为也能用于非核冲突。为此1999年特向喀山飞机制造厂拨款4500万卢布。包括更换新的目标系统、升级巡航导弹和电子战套件。改进升级后的图-160"海盗旗"作战能力大大提高，将服役到2030年。

空中"巨弩"
——AH-64武装直升机

AH-64"阿帕奇"是美国麦·道公司根据美国陆军提出的"先进攻击直升机"(AAH)计划研制的,该机能在恶劣气象条件下昼夜执行反坦克任务,并有很强的战斗、救生及生存能力。1975年9月,原型机首飞,1984年正式交付,1989年12月,在巴拿马首次参战,在1991年的海湾战争和1999年北约对南联盟军事打击中大量使用AH-64,并显示出优异的作战能力。

● 超级展示

AH-64武装直升机现有型别:AH-64A,"先进阿帕奇";AH-64B,装备全球定位系统(GPS),具有目标交接能力;AH-64C,是AH-64A的改型;AH-64D"长弓阿帕奇",装有"长弓"雷达,可携带射频导引头的"海尔法"导弹。该型机采用4片桨叶全铰接式旋翼系统,机身装悬臂式小展弦比短翼,可拆卸,每侧短翼下有两个挂点。后三点式轮式起落架,起落架支柱可向后折叠,尾轮为全向转向自动定心尾轮。该机最大平飞时速307千米,实用升限6250米,最大上升率16.2米/秒,航程578千米。

● 超级火力

"阿帕奇"的火力是当今武装直升机中最强的,机上还装有目标截获显示系统和夜视设备,可在复杂气象条件下搜索、识别与攻击目标。它能有效摧毁中型和重型坦克,具有良好的生存能力和超低空贴地飞行能力,是美国当代最先进的主战武装直升机。具有全天候、昼夜作战能力。机身上可挂载16枚"海尔法"激光制导反坦克导弹,机翼下装有4具发射器,可挂76枚航空火箭,可以说,让AH-64发现的装甲目标,几乎就等于摧毁。

● 金刚之体

AH-64生存能力非常强,其旋翼采用了玻璃钢增强的多梁式不锈钢前段和玻璃钢蒙皮的蜂窝夹芯后段设计,经实弹射击证明,这种旋翼桨叶任何一点被12.7毫米枪炮击中后，一般不会造成结构性破坏，完全可以继续执行任务。机身采用传统的蒙皮、隔框、长衍结构，其95%表面的任何部位被一枚23毫米炮弹击中后，仍可保证继续飞行30分钟。前后座舱均有装甲，可抵御23毫米炮弹的攻击。两台发动机的关键部位也有装甲保护，而且中间有机身隔开，两者相距较远，如果有一台发动机被击中损坏，还有一台可以继续工作，保证飞行安全。提高直升机的生存能力，等于是提高了直升机的作战效率和部队的战斗力。

● 空中千里眼

"阿帕奇"机头圆筒状物体是目标截获、标识系统和飞行员夜视等系统，它使飞行员在各种速度和高度条件下都具有夜视能力，实现贴地飞行。通过头盔显示瞄准系统将景物图像显示在飞行员头盔的单镜片上，而且在这种景物图像上可以叠印直升机的空速、飞行高度、方位等简单飞行数据。它可以在白天或黑夜为飞行员提供放大的目标图像，方便飞行员判断。

隐身使者
——RAH-66武装直升机

RAH-66"科曼奇"是美国研制的双座侦察攻击、空战直升机，是为美国陆军适应21世纪的战场环境而设计的一种现代隐身直升机。主要用来执行空战、对地火力支援和侦察等任务。

● 超级档案

美军当时研制RAH-66"科曼奇"时希望能够开发一种双发动机、双座、具有隐身效果和类似于现役"阿帕奇"武装直升机强大火力的新型武装侦察直升机，来替代陆军现役的OH-58D"基奥瓦"侦察直升机，并和"阿帕奇"一起组成美陆军航空兵未来的主力作战机群。1990年初，美国陆军把LHX代码中表示试验性的字母X去掉成为LH，1991年4月，正式编号为RAH-66。其中R表示侦察，A表示攻击，H表示直升机，并用北美印第安人的名字命名为"科曼奇"。该型直升机是一种单旋翼带涵道尾桨双发动机的直升机，采用5片桨叶、后三点式起落架设计,最大允许速度为328千米/小时,转场航程为2335千米,续航时间为2小时30分钟。

● 隐身设计

RAH-66最突出的优点是它采用了直升机中前所未有的全面隐身设计。以往的各种直升机也采用了隐身措施,例如AH-64的发动机排气管就采用了绰号"黑洞"的红外辐射抑制装置。而RAH-66则用整体的隐身设计:机身采用了类似F-117的多面体圆滑边角设计,减少直角反射面,并采用吸波材料;发动机进气口经过精巧设计,开口呈缝隙状,气道曲折,避免雷达波照射到涡轮风扇上产生大的回波;排气管采用了复杂的降温、遮掩设计,排气辐射量极小;采用了美国直升机设计中少有的涵道风扇尾桨设计,雷达反射回波比传统尾桨要少;武器主要内装在机身两侧弹舱内,发射时伸出发射,需要时也可以加装短翼,外挂弹药。各种隐身技术的结合使用使得RAH-66的雷达回波和红外辐射比现役直升机有较大降低,堪称直升机中的F-117。

● 技术展示

"科曼奇"执行任务时,主要应用被动式侦察手段,例如热成像仪或电视、微光电视等;当然也可以使用尖锥形的桅顶毫米波雷达(AH-64D上的是圆盘形)。其对目标观察的有效距离相当于现役侦察直升机的2倍。该机侦察任务时能够尽快将机上设备所发现的目标资料数据与原来储存的资料数据进行对比分析,去伪存真,发现新目标新动态,将最终得出的目标数据与战场态势在座舱荧光屏上显示出来,并根据指令近乎"实时"的传送给地面部队有关指挥官。过去,用光学侦察飞机,从发现战场目标到指挥下个攻击力量出击差不多需要1小时~2小时,现在使用RAH-66只要10分钟左右,它可以在最短的时间里获得地面指挥及其他战机的帮助。RAH-66使用的先进航空电子系统在战场上可执行多种作战任务,并能通过战术因特网向其他的陆军资源和多兵种联合资源提供及时而准确的战术信息。

● 武器装备

RAH-66直升机的武器包括1门双管20毫米机炮;机身两侧各有侧向打开的武器舱,每册可挂3枚"海尔法"或6枚"毒刺"导弹;两侧的选装短翼可另挂载4枚或8枚"毒刺"导弹。此外，因为RAH-66装有先进的航空电子设备，所以它具有在昼夜恶劣气象条件下侦察作战的能力。

蛇族帝尊
——AH-1武装攻击直升机

AH-1"眼镜蛇"武装直升机是贝尔公司为美国陆军专门研制的世界上第一种专业用于武装攻击的直升机，主要用于给运输机直升机护航和火力支援。AH-1"眼镜蛇"直升机在1967年装备美军后，即被大量用于越南战场，主要用于支援和配合地面部队作战。战斗时AH-1"眼镜蛇"可以突击地面火炮不能有效压制的目标，并且可以和地面部队部署战队，只要战斗需要，便可立即出动。

● "眼镜蛇"出巢

在20世纪60年代中期的越南战场上，美国因空中大规模重装甲军团失去了用武之地，且生存能力不佳的运输机迫切需要一种能迅速提供高速的重装甲重火力的武装直升机，用来为运兵直升机提供沿途护航或为步兵预先提供空中压制火力。因为当时用普通运输直升机临时改装的火力援护直升机不仅速度慢，火力也不强，而且无装甲保护。美军根据战场上的实际需要，研发了世界第一架武装直升机——AH-1"眼镜蛇"武装直升机，其飞行与作战性能好，火力强。在战争中，这些"眼镜蛇"频频出击，取得了令人瞩目的战果。战后经不断改进，该型已形成一个系列。

● 超级展示

AH-1"眼镜蛇"武装直升机采用流线型窄机身和纵列式座舱布局，飞行速度快，受弹面小，最初生产型是单旋翼带尾桨单发动机的直升机，采用2片桨叶、滑橇式起落架设计。机载设备包括无线电罗盘、应答机、战术导航系统、雷达新标等。"眼镜蛇"机动能力强，只要能靠近敌军，"眼镜蛇"就能充分发挥自己的火力优势。机上武器有1门3管20毫米机炮，装6段式短翼，短翼下有4个悬挂点，可挂不同武器，包括70毫米火箭发射器，2个油气爆炸武器，2个曳光弹投放器，或2个机枪吊舱。最多可挂8枚"陶"式导弹、8枚"海尔法"式导弹、2枚"响尾蛇"导弹。

● 战场常青树

"眼镜蛇"自1967年首次使用以来，在历次美国对外战争中都有突出的表现，未间断地驰骋于空中。经过40多年的不断改进和改型，目前已发展成能满足防军和海军各种反坦克、反舰作战需要的庞大家族，并不断地有改良新面孔出现，继AH-1G之后，美国先后发展了反坦克性能更好的AH-1/W/P/E/F等多种型号，这使得AH-1系列成为发展型号最多、服役时间最长、生产批量最大的武装直升机系列。它与AH-64"阿帕奇"被列为美国及其盟国反坦克常规武器库中的主要武器，在可以预见的未来仍将继续在美国海军陆战队中服役。

空中赛车
——"山猫"武装直升机

"山猫"是由英国和法国合作研制的双发多用途武装直升机，它可执行战场攻击、反坦克、侦察、为运输直升机护航、搜索和救援、联络和指挥、后勤支援、货物和兵员运输等多种任务。其特点是速度快、机动灵活、轻易操纵和维护，因此英国皇家海军亲切地称呼它为"空中的赛车"。

● 超级展示

"山猫"家族成员众多，以"山猫"AH·Mkl英国陆军通用型为基础，不断发展和改进。"山猫"旋翼桨采用4片桨叶半刚性旋翼和4片桨叶尾桨。陆军型和海军型旋翼桨叶可人工折叠，海军型尾斜梁可人工折叠；陆军型着陆装置为不可收放管架滑橇，海军型为不可收放前三点式起落架。座舱可容纳一名驾驶员和10名武装士兵。舱内可载货物907千克，外挂能力为1360千克。动力装置：早期出口型装2台"宝石"2涡轴发动机，单台最大应急功率671千瓦；后来的型别装2台"宝石"V41-1或41-2涡轴发动机，单台最大应急功率835千瓦，或"宝石"43-1涡轴发动机，单台最大应急功率846千瓦。最大连续巡航速度259

千米/小时，最大爬升率15.9米/秒，悬停高度3230米，最大航程630千米，最大续航时间2小时57分，最大转场航程1342千米。

● 超级山猫

"超级山猫"是英国为出口而研制的一种"山猫"改进型舰载直升机。起初，它只是在"山猫"的基础上加大了功率，后来不断技术升级，发展出"超级山猫"100型、200型和300型。1999年试飞成功的"超级山猫"300型是该型直升机中技术级别最高的一种。机上装有性能更为先进的"宝石"42型发动机，座舱内装备有6个电子飞行仪表系统显示屏以及新型导航系统和姿态航向基准系统，同时改进了通信设备，具备全天候作战能力。"超级山猫300"直升机还装备有一套红外监视系统，可用于对目标进行识别。此外，该型直升机还可装备反舰导弹。它以其优良性能和优惠的价格打开了国际市场，成为世界海上直升机市场上销售量最大的直升机，先后有6个国家总共购买了420架"超级山猫"直升机。

● 未来山猫

2009年4月24日英国皇家部队对正在研制的"未来山猫"正式命名为AW159"野猫"直升机，该机能够作为战地侦察直升机(BRH)进入英国陆军服役，作为水面作战海上旋翼机(SCMR)进入英国皇家海军服役，这两种机型的通用性将达98%。BRH增加的武器有7.62毫米门炮和12.7毫米机枪以及一套侦察设备。该机作战半径要求达200千米，作战时间5小时；SCMR每架飞机将最多可装载8枚未来空对面制导武器，飞机上还将装载BAE系统公司的鱼雷用于执行反潜作战任务，另外飞机还能够充当通用直升机。

长满獠牙的母鹿
——米-24武装直升机

米里设计局设计的米-24是前苏联开发的第一种武装直升机，外型独特，火力强大，拥有重武装的同时还能载运步兵到前线，迄今没有任何武装直升机具备相同的身手。米-24共有七种不同机型，生产量超过

2500架，使用国家超过20个，曾创下两项速度纪录，海平面速度超过后来出现的AH-64。在北约军队中，米-24被称为"母鹿"。

● 超级展示

米-24采用5片主旋翼和3片尾旋翼，机身较米-8纤细，前三点式起落架可以收入机身鼓起的起落架舱内，机身中段有两个下倾的短翼，不仅可以挂载武器，还能在向前飞行时减少旋翼负荷19%~25%。前后座的机组乘员坐在防弹玻璃座舱内，飞行员坐在武器操作员左后侧，武器操作员负责搜索目标、发射机枪、反坦克导弹和投掷炸弹，飞行员负责发射火箭弹和使用机炮吊舱。作为攻击直升机，米-24具有速度快、爬升好、载重大、火力强、装甲厚的特点。不光可以提供直接的强大火力支援，还可以运载突击分队，或运送伤员。米-24的机舱最多可容纳8名全副武装的士兵，载运1500千克物资或4具担架，机外还可吊挂2000千克的货物。米-24的防护相当完备，驾驶舱与人员货舱结合成单一的密闭防弹空间，具有核生化防护能力，发动机也具有装甲强化防弹功能。机内的5个防弹油箱装载2130公升燃油，必要时还可在机内加装两个1630公升的副油箱。该机的电子设备安置在后机身舱内，包括自动飞行控制设备、陀螺仪、自动进场系统、自动导航地图、短程无线电导引系统等。

● 常用战术

米-24大概是世界上战斗经验最丰富的作战飞机了，从非洲的安哥拉，到南美的尼加拉瓜；从欧洲的波黑，到中亚的车臣。历史上很少作战飞机有比米-24更丰富的战斗经历。米-24的首战是在1978年的埃塞俄比亚，当时索马里军阀巴尔将军进攻埃塞俄比亚的厄立特里亚省，埃塞俄比亚的米-24在前苏联顾问指挥下，由古巴飞行员操纵，发动反击，取得很不错的战果。但米-24最辉煌的战绩，无疑是在阿富汗，为了对付阿富汗圣战者善打伏击，苏军十分强调战术的灵活使用，米-24经常以双机、四机甚至八机出击，采用多机协同攻击的战术。"车轮战术"得名于二战中伊尔-2强击机惯用的同名战术，也称"死亡之轮"，是几架飞机绕着目标兜圈子，边转圈子边不断地向目标射击；"水线战术"是另一个多机战术，是几架飞机成梯队进入，依次转向目标进入攻击；"菊花战术"指多架飞机以极小间隔从不同方向向核心攻击，然后在圆心附近急剧拉起，为友机让路。苏军飞行员的动作很泼辣，多机协同攻击时，高空机群担任掩护，低空机群担任攻击。为了迷惑地面防空火力，有时双机对飞，在近距离大机动交错，像航展中的特技飞行表演一样，使追踪的防空火力无所适从，丢失目标。

虎啸山林
——"虎"式武装直升机

"虎"式武装直升机由欧洲直升机公司研制，该公司由法国航宇公司和德国MBD公司联合组成。在20世纪70年代，随着专用武装直升机在各大局部战争中的出色发挥，该机种被各国军队竞相研制装备。当时法国装备了"小羚羊"武装直升机，德国装备了PAH-1武装直升机，但两者都是从轻型多用途直升机改进而来的。因此两国谋求以合作形式，研制一种专用武装直升机——"虎"式武装直升机。

● 超级展示

根据两国要求的不同，"虎"有两个主要型别：火力支援型和反坦克型。细分为三个型号，即法国的火力支援型HAP、反坦克型EHAC和德国的反坦克型PAH-2。"虎"式攻击直升机的造型，类似其他的反装甲直升机，是纵列双座的狭长低矮造型，以减少正面面积，利于隐身，减少被发现的机会，也利于运输。机身中段两侧，加装了一对短翼，可提供4个挂架，可挂载武器。机身下方为耐冲击自封式油箱，油箱容量为1360升。其机体结构追求安全性，即使自封式油箱在遭到射击后，仍能飞行30分钟；机身可抵御7.62毫米与12.7毫米机枪的射击。在设计上，突出高速、敏捷和精确的操作品质。由于采用了全天候、昼夜使用的自动航空电子系统，机组人员工作负荷大为减轻，加上采用了最新远程、无源瞄准系统和武器系统，大大提高了"虎"的作战效率；其次是"虎"装了全复合材料轴承的4桨叶无铰旋翼系统，不仅大大增强了机动性能，而且提高了战场生存能力。最后是为了减少红外和雷达信号对"虎"式直升机的捕捉，将其动力系统产生的高温废气与冷空气混合，降温后的废气再经导管向上排放。而且该机身采用了全复合材料，空机重量只有3吨多。这样，使敌方的区外信号得到极大抑制，提高了隐身能力，减少了对方红外寻的导弹锁定的机会，这使得该直升机夜间活动时不易被对方夜视装备所发现。

● 高智能化

"虎"的智能化含量高，它由自动飞行控制系统、自动导航系统、无线电通信、敌我识别与电子显示所需要的计算机四个基本系统组成，在自动操纵控制上的系统设备可以说应有尽有。由于采用了全天候、昼夜兼用的自动航电系统，"虎"式攻击直升机机组成员的工作负担大为减轻，这些系统可以保证飞行员操作控制得心应手，其飞行人员可以通过各种显示系统非常方便地看见自己所需要的信息，能够保证在有效的时间内作出正确的判断。在这一点上，"虎"式攻击直升机超过了世界上现有的任何一种战斗直升机。

● 武艺高强

"虎"式攻击直升机具有火力强、适于低空超低空攻击、能在机动和悬停状态中射击、单机出动快、使用灵活、战场停留时间短等特点。在反坦克武器上更是全身披挂，可挂载8枚霍特2或新型的PARS-LR反坦克导弹、4枚毒刺或西北风红外寻的空空导弹，机头有1具30毫米机炮，翼下还可挂载2具22发火箭吊舱。不仅射程远，而且有精确制导性能，射击精度高，破甲威力大。

百变神鹰
——多用途直升飞机

多用途直升机是指同一型直升机，通过换装不同的设备可以执行不同任务的直升机。事先要选定一个合适的吨位级，之后在它的基础上改装和发展的多用途直升机，它也是一般直升机的典型发展模式。由于多用途直升机用途广泛，且维修和保养方便，因此世界上许多国家都大力发展多用途直升机。

● "伊洛魁"直升机

UH-1D"伊洛魁"直升机是美国研制的一种中型多用途直升机，主要用于运输和火力支援、救助、布雷、电子站等，除驾驶员外可运载14

名士兵或1815千克货物。该直升飞机是一种单旋翼带尾桨单发的直升机，采用2片桨叶、管状滑橇式起落架设计。武器系统包括7.62毫米机枪、40毫米榴弹发射器和火箭弹发射器。

● "贝尔"206直升机

"贝尔"206是美国贝尔公司在OH-4A轻型观察直升机的基础上发展的轻型多用途直升机。该机于1966年1月首次试飞，1966年10月取得联邦航空局适航证。这种直升机可用于载客、运兵、运货、救援、救护、测绘、农田作业、开发油田，以及行政执勤等任务。直升机用户称它为最安全、最可靠的直升机。该型直升机是一种单旋翼带尾桨单发动机的直升机，采用2片桨叶、滑橇式起落架设计。

● "鱼鹰"直升机

V-22"鱼鹰"是贝尔直升机公司与波音直升机公司为满足美国政府于1981年底提出的"多军种先进垂直起落飞机"计划的要求，在贝尔301/XV-15的基础上共同研制的倾转旋翼机，它是世界上第一种倾转旋翼机，主要执行空运、搜索、救援和预警任务。该型直升机采用倾转悬翼双发动机设计。翼尖处可倾转的发动机直立时，飞机垂直起飞着陆；发动机转到水平方向时，飞机可高速巡航飞行。

● "小羚羊"直升机

SA341/342"小羚羊"轻型直升机由原法国宇航公司和英国韦斯特兰直升机公司共同研制。主要用于反坦克和近距离支援，亦可用于侦察和联络。该型直升机是一种单旋翼涵道式尾桨单发动机的直升机。"小羚羊"飞行性能非常优秀。1971年5月13日和14日，SA341-01号在伊斯特尔创造了三项E1C级世界纪录：在3000米直线航段上飞行速度达310千米/小时；在15千米~25千米直线航段上飞行速度达312千米/小时；在100千米闭合航线上飞行速度达296千米/小时。

● "逆戟鲸"直升机

卡-60"逆戟鲸"直升机是单桨多用途轻型直升机，是由俄罗斯著名的卡莫夫设计局研制的一种新型军用直升机，原称V-60，北约代号"逆戟鲸"。卡-60脱离了卡莫夫设计局传统共轴反转旋翼布局，总体布局为4片桨叶旋翼和涵道式尾桨布局，可收放式三点吸能起落架。卡-60具有完美的空气动力外形，每侧机身都开有大号舱门，尾桨有11片桨叶。座舱内的座椅具有吸收撞击能量的能力。驾驶舱内有2名驾驶员，主驾驶员在右侧。卡-60"逆戟鲸"直升机驾驶员和空降兵都可坐在弹射椅上，一旦出现险情，乘员可立即逃生。该直升机可胜任多项作战和保障任务，包括武装侦察、搜索援救和空袭等。

空中车厢
——运输直升机

运输直升机是专门用来运输物资、兵员的一种直升机。运输直升机按运输重量可分为重型运输直升机和中型运输直升机。现代战争要求部队具有快速反应的能力，运输直升机具有载重量大、可快速部署、可悬停、对起降条件要求不严格等特点，因此成为快速反应部队不可缺少的运输工具。同时，通过换装不同装备或加装武器装备，运输直升机又可担负其他多种任务，是一种适应能力非常强的直升机。

● "黑鹰"直升机

UH-60A直升机是美国研制的一种突击运输直升机，主要用于战斗突击运输，且不需要改装就可执行侦察、指挥和运输兵员等任务。该型直升机是一种单旋翼带尾桨双发动机的直升机，采用4片桨叶、不可收放的后三点式起落架设计。UH-60A直升机机身为半硬壳结构，由于大量采用各种树脂和纤维等复合材料，其空重较轻。该型直升机的武器装备包括1~2挺机炮，突击时，外挂"海尔法"反坦克导弹、火箭弹等，反潜时可带2条鱼雷。运输时UH-60A直升机可运送11~14名全副武装的士兵，直升机的外部货钩还可吊挂3630千克货物，最大平飞速度为293千米/小时。

● "支奴干"直升机

美国陆军的H-47"支奴干"直升机是标准的中型运输直升机，它开发于1958年，设计要求能将2.7吨物资运到185千米处，并重新搭载1.35吨物资不补加燃油飞回原出发点。能在机外吊挂7吨物资飞到37千米外的地方卸下，并不加油飞返原地。它的外形显得与众不同，它不像常见的单旋翼直升机，而是有两副旋翼（旋翼直径18米），分别安装在机头上方和机尾上方，所以这种直升机又叫"纵列式双旋翼直升机"。它的机身就像一节火车的车厢，有3名机组成员，一次可容纳44名士兵，或27名伞兵，或24副担架，或一套战术地对地导弹，或2辆吉普车。因此又得名"飞行车厢"。最大起飞重量22700千克，巡航速度259千米/时，航程560千米，续航时间2.2小时。在越南战争中，CH-47A主要用于为陆军部队运送兵员物资，特别是在为炮兵吊送火炮到不便进入的复杂地带，为前线输送油料（一次可外吊2个各1900升容量的软油箱）和回收近降或受伤在外的直升机方面获得好评。

● "光环"直升机

米-26是前苏联米里设计局研制的双发多用途重型运输直升机，北大西洋公约组织给的绰号为"光环"。这种直升机最大内载和外挂载荷为20吨，货舱可装运两辆步兵装甲车和20000千克国际标准的集装箱。米-26直升机具有极其明显的军事用途。C-130可运载92名武装士兵或64名伞兵，可一次运载13.5吨~20吨物资。米-26最大承载量为20吨，可搭载一辆坦克或80名全副武装的士兵。但与C-130相比，米-26对起落场地的要求更低，能够适应复杂的战场地形，且飞行更为机动灵活，有空中运输"巨无霸"之称。

空中大力士
——军用运输机

1948年6月24日，西柏林被全面封锁。前苏联采取军事行动，切断了盟军经由东德领土出入西柏林的所有通道，从而使得西柏林立即变成了一块死地。面对前苏联的军事封锁和威胁，盟军既没有从西柏林撤退，放弃这块被包围的自由之地，也没有以武力打开东德的地面通道，使全世界再次沦入世界大战的深渊。盟军在封锁两天以后作出的快速反应，同前苏联对西柏林的交通封锁一样令世界难以想象：英美两国联合行动，在长达一年的封锁时间里，以空中运输的方式，从外部向西柏林输送食物、衣物、燃料以及一切所需的生活物资。"柏林封锁事件"以后，使各国充分认识到空运的重要性，而性能卓越的运输机是空运力量的核心。

● "大力神"运输机

C-130"大力神"运输机是美国研制的一种四发中型多用途战术运输机，有多种型别。该机主要用于在战术范围内的空运，亦可空投、空降人员及军用物资和作战装备。C-130运输机可运载128名全副武装的士兵，或92名伞兵，或一辆112吨加油车，或1门155毫米榴弹，或一辆轻型坦克。最大载重19.8吨，最大巡航速度621千米/小时，最大航程7600千米。在海湾战争前后，该机担负空运及其他作战支援任务。

● "环球霸王"运输机

C-17"环球霸王"运输机是原美国为其空军研制的军用战略战术运输机。它具有空中加油能力，既能执行远程运输任务，又可将超大型作战物资和装备如坦克和大型步兵战车直接运入战区，C-17运输机的主货舱可以运陆军战斗车辆或直升机，如2辆5吨载重货车和3辆吉普车，或3架AH-64A直升机，可以空投102名伞兵，C-17运输机是唯一能空投美陆军超大型步兵战车M-2的飞机。

● "耿直"运输机

伊尔-76"耿直"运输机是前苏联研制的一种远程重型运输机，有数种机型。该机采用悬臂式上单翼，全金属半硬壳式结构。机翼下吊挂4台涡扇发动机，可运载150名士兵和120名伞兵，或装运各种车辆等货物，最大载重量为40吨。机上装有装卸装置及绞车，用于装卸货物时使用。

● "梦想式"运输机

安托诺夫An-225"梦想式"运输机，北约代号"哥萨克"，是一架离陆重量超过600吨的超大型军用运输机，也是迄今为止，全世界最大的一架运输机。An-225的载重量原厂公布数据是250吨，但An-225至少有超过300吨的承载能力。因为货物不是只可放在机身内的货舱中，也拥有载运250吨重物体的能力（An-225原本为了背负暴风雪号航天飞机所设计的机背货架）。在2004年11月新制订的世界纪录标准中，长程飞行的荷重纪录保持者，An-225握有多项离陆重量300吨以上等级机种的世界纪录。

空中加油站
——空中加油机

作战半径是衡量战机乃至空军作战能力的重要指标之一。为了提高飞机的作战半径，人们总是尽可能地增大飞机的载油量，但过大的油料载荷，只能以牺牲飞机的其他性能为代价。采取空中加油，就能较好地解决这一矛盾。经过一次空中加油，轰炸机的作战半径可以增加25%~30%；战斗机的作战半径可增加30%~40%；运输机的航程差不多可增加一倍。如果实施多次空中加油，作战飞机就可以做到"全球到达，全球作战"。

- "同温层油船"空中加油机

KC-135 "同温层油船"加油机是美国空军研制的一种喷气式空中加油机，最大载油量92吨，加油率12.68千克/秒~21.97千克/秒，最大起飞重量134.7吨，最大载速度965千米/小时。越南战争期间，KC-135加油机被大量应用于支援性作战，使得美军的战斗机和攻击机可以在战区停留更长的时间，大大增加了美军战机作战能力；在海湾战争中，美国动用了262架KC-135，出动了2.3万架次，主要为6.9万多架次的B-52轰炸机、C-5B运输机、A-10攻击机和F-15等作战飞机加油。

- "补充者"空中加油机

KC-10 "补充者"空中加油机是美国研制的空中加油机，也是目前世界上功能最全、加油能力最强的空中加油机。该机可同时承担货运任务或运输部队，此外，在远程部署中，还可为受油机提供通信导航支援。该机最大载油量16.15吨，加油率5678升/分，最大起飞重量267620千克，最大平飞速度965千米/小时。在海湾战争中，美军出动了其全部KC-10为各类执行任务的飞机进行空中加油。

- "胜利者"空中加油机

"胜利者"空中加油机是英国1978年在"胜利者"轰炸机的基础上研制的，是英国皇家空军的主要加油机种。其用途和特点：主要用于空中加油，采用软管式加油，加油点数多，带3套加油设备，航程大，加油半径大。该机在海湾战争中负责对"火神"战略轰炸机和"胜利者"轰炸机进行空中加油，战后人们认为"胜利者"空中加油机是无愧的幕后英雄。

● "大富翁"空中加油机

伊尔-78"大富翁"空中加油机由俄罗斯伊柳申设计局制造，目前装备数量为20架。该机主要用于给远程飞机、前线飞机和军用运输机空中加油，同时还可用作运输机，并可用作地面加油车向机动机场紧急运送燃油。它采用三点式空中加油系统，技术先进，性能优良，能为战术和战略飞机实施空中加油，是俄罗斯空军主力加油机。伊尔-78加油机机组人员7人，飞机自重70吨，机长46.6米，机高14.76米，翼展50.5米，最大载油量92800千克，加油时飞行速度为430千米/小时～590千米/小时，加油速度为3000升/分钟，巡航速度750千米/小时。可同时为3架飞机加油。伊尔-78加油机单价只有5000万美元，比西方同类加油机便宜许多。

放眼看世界
——侦察机

侦察机一般不携带武器，主要依靠其高速性能和加装电子对抗装备来提高其生存能力。通常装有航空照相机、前视或侧视雷达和电视、红外线侦察设备，有的还装有实时情报处理设备和传递装置。侦察设备装在机舱内或外挂的吊舱内。侦察机可进行目视侦察、成相侦察和电子侦察。成相侦察是侦察机实施侦察的重要方法，它包括可见光照相、红外照相与成相、雷达成相、微波成相、电视成相等。

● "全球鹰"无人侦察机

"全球鹰"无人机是美国诺斯罗普·格鲁曼公司研制生产的高空无人侦察机，也是目前世界上性能最先进的无人侦察机。其外形像一头虎鲸，最大航程达2.5945万千米，可在2万米的高空滞空38小时～42小时。飞行控制系统采用GPS全球定位系统和惯性导航系统，可自动完成从起飞到着陆的整个飞行过程。它可同时携带光电、红外传感系统和合成孔径雷达，通过雷达和红外线探测装置等识别出地面0.3平方米大小的物体，是仅次于间谍卫星的战略武器。而且，相比间谍卫星，"全球鹰"具有不受侦察范围及时间的限制，并能将图像直接实时传给指挥中心。

● "黑鸟"侦察机

SR-71"黑鸟"是美国空军高空高速侦察机。飞行高度达到3万米，最大速度达到3.5倍音速，被称之为"双三"。要么导弹达不到它那么高，要么导弹飞得没有它快，所以它至今还没有遇到过对手。SR-71上有两名成员：飞行员和系统操作手。座舱呈纵列式。由于SR-71的飞行高度和速度都超出人体可承受的范围，两名成员必须穿着全密封的飞行服，看上去外观与宇航员类似。SR-71上装有先进的电子和光学侦察设备，1小时内它能完成对面积达32.4万平方千米地区的光学摄影侦察任务。形象地说，它只需要6分钟就可以拍摄得到覆盖整个意大利的高清晰度照片。侦察照相机均装在导轨上，摄影时向后运动，使得相机相对于地面静止。

● "捕食者"无人侦察机

RQ-1"捕食者"无人机侦察机是美军首次装备实用型合成孔径雷达的无人侦察机。美国军方于1994年开始研制，目前可大量装备部队。该机最大速度240千米/小时，活动半径925千米，装备有红外传感器、可见光摄像机2台、红外摄像机1台、激光测距仪1台，作用距离10千米。其主要特点：一是续航时间长，可达24小时以上；二是操作简单，便于运输，易于维修；三是隐身效果好，雷达载项反射区为1平方米，体积小、声音小；四是侦察范围较大，分辨率高。

● "航班-D"战术无人侦察机

1982年，图波列夫飞机设计局对图-143进行改进，并将其命名为图-243"航班-D"无人驾驶战术侦察机。图-243主要用于空中侦察，对目标补充侦察；在距作战前沿阵地150千米处高空，对地面兵器的射击和作战飞机的轰炸效果进行监视和评估；还可以在敌方防空火力密集和空中、地面有核辐射、化学和生物沾染的条件下，昼夜实时执行全天候空中侦察任务，并有效地对敌炮兵营和防空导弹阵地以及敌集团军、师指挥所等目标实施侦察。

暗夜魔眼
——电子战飞机

电子战飞机包括电子侦察飞机、电子干扰飞机和反雷达飞机，是一种专门用于对敌方雷达、电子制导系统和无线电通信设备进行电子侦察、电子干扰和攻击的飞机。从现已问世的电子战飞机来看，它们基本上都是由轰炸机、战斗轰炸机、运输机、攻击机等改装而成。

● "渡鸦"电子对抗飞机

EF-111A "渡鸦"电子对抗飞机是美国在F-111A轰炸机机体的基础上研制的专用电子对抗飞机。EF-111A电子对抗飞机是美军现役最先进的超音速电子对抗飞机，干扰能力极强。EF-111A不带武器，通常与带反辐射导弹的F-4G "野鼬鼠"反雷达飞机或其他作战飞机协同作战。该机装有先进的电子设备，其核心部分是AN/ALQ-99战术干扰系统，其作用可使230千米内各个方向的敌方雷达迷盲；并可遂行远距、近距支援干扰和伴随干扰，是目前世界上唯一能够同时执行上述3项任务的专用电子战飞机。在战场上，如果警戒接收机收到威胁信号，干扰机就会自动转入预定程序工作，施放相应干扰，并把整个干扰状态显示在电子战军官座位前的显示器上。干扰过程中还可根据所受威胁的大小，能自动对威胁最严重的电磁频率予以优先干扰。该机最大飞行速度2216千米/小时，转场航程3706千米。

● E-8A电子侦察机

E-8A是美国空军和陆军联合研制的联合监视目标攻击雷达系统的远程侦查飞机。1997年正式列装。在海湾战争爆发前，2架E-8A原型机尚处于试飞试用阶段。在海湾战争中，它们共飞行54架次，累计飞行600小时。主要用于通信探测伊拉克的地面目标，多次发现伊方地面部队的部署及设防情况，对识别伊拉克"飞毛腿"导弹固定发射基地十分有效。此外，还用于通信控制和检查分析轰炸效果。该机由波音707-323C改装而成，动力系统为4台JT3D-7涡扇发动机，单台推力8615千克，总推力34460千克，最大飞行速度1010千米/小时，实用升限11885

米，最大载油航程12050千米。

● E-6A电子战飞机

E-6A电子站飞机是美国研制的一种通信中继机，能通过超低频与潜在水下的"三叉戟"核潜艇通信。该机与E-3A大体相同只是没有旋转天线罩，在翼尖装有电子警戒侦察吊舱和高频天线整流罩。机内设有中央操纵台和其他操纵台及200千瓦的超低频电台，信号通达可由绞盘收放的拖曳式天线接收。该机的最大平均速度972千米/小时，巡航速度825千米/小时，实际升限13000米，航程时间16小时，空中加油续航时间72小时。

● EA-6B电子干扰飞机

EA-6B电子干扰飞机是美国在EA-6A的基础上改进研制的4座舰载电子干扰机，主要用于通过压制敌人的电子活动获取战区内的战术电子情报来支援攻击机和地面部队活动。EA-6B是专用战术支援电子战飞机，其主要功能是实施伴随护航电子干扰，又可实施远程护航电子干扰。最新改进型的是能利用商业无线通信技术来指挥中队作战。它使用这种技术来发现敌人的通信网络，在接近敌人几千米范围内进行窃听和攻击。它可精确定位地面目标，然后将错误信息及病毒、"蠕虫"、"特洛伊木马"等计算机攻击工具植入这些网络。

潜艇的死对头
——反潜机

反潜机具有快速，机动的特点，能在短时间内居高临下地进行大面积搜索，并可以十分方便地向海中发射或投掷反潜炸弹，甚至最新型的核鱼雷。反潜机大致可以分为水上反潜飞机、反潜直升机、岸机反潜飞机、舰载反潜机。载有搜索和攻击潜艇用的装备和武器。反潜机一般具有低空性能好和续航时间长等特点，能在短时间内对宽阔水域进行反潜作战。

● 主要装备

一般来说，反潜机的主要装备有两部分，一是探测设备，二是武器设备。反潜机的探测设备主要包括雷达、声呐浮标、吊放式声呐、磁异探测仪、激光探测仪等；反潜机使用的武器装备主要包括反潜导弹、反潜鱼雷和深水炸弹等。鱼雷是现代最有效的反潜武器装备，备受各国海军重视。比较有名的有美国MK48型、MK50型鱼雷，英国的7525"矛鱼"重型鱼雷和法国的"海鳝"轻型鱼雷。

● "北欧海盗"反潜机

S-3"北欧海盗"反潜机是美国研制的舰载反潜机，也是美国第一种安装了涡扇发动机的舰载反潜机。它飞行速度快、航程远。主要用于对潜艇进行全天候、持续的搜索、监视和攻击，以保护作战方航空母舰和其他舰艇免受潜艇攻击。该机携带的反潜武器有水雷、炸弹、深水炸弹、鱼雷。最大平飞速度686千米/小时，实用升限10670米，作战半径为3705千米。改进型的S-3能用作加油机、反潜指挥控制机或电子对抗飞机。

● "山楂花"反潜机

伊尔-38"山楂花"是前苏联伊留申设计局以伊尔-18型民航机为基础，研制开发的反潜巡逻机。该机机头下部有大型雷达罩，尾部为磁异探测器，其巡逻范围可以到达北极和冰岛等广大区域，升限11000米，在同类巡逻飞机中飞行高度最高。部分伊尔-38加装了电子侦察装置，可执行类似美国EP-3电子侦察机的任务。伊尔-38携带RGB-1、RGB-2、RGB-3声呐浮标，可使用AT-2鱼雷。Berkut系统的雷达对大型舰艇的探测距离达到250千米。可携带216枚RGB-1，或144枚RGB-1、10枚GB-2、2枚AT-1或RYu-2核战斗部深弹。部分伊尔-38后来改装了Novella作战系统。可以使用KAB-500PL制导深弹，或新型主动声呐浮标。

● "猎迷"反潜机

"猎迷"岸基反潜飞机是英国原霍克·西德利公司（现并入英国航宇公司）研制的一种四发涡扇式飞机，用以取代"沙克尔顿" MR.Mk2反潜侦察机。该机是在"彗星"4C民航机机体的基础上改装的，机身缩短了1.98米，机身下部加装了一个吊篮式非增压舱，可装作战设备和武器。"猎迷"携带的反潜武器有炸弹、深水炸弹、制导鱼雷。战术舱后面为声呐浮标发射器舱。机翼下武器挂架能带火箭、空对地导弹、机炮吊舱、水雷等。该机最大作战速度926千米/小时，低空巡航速度370千米/小时，续航时间12小时。"猎迷"反潜机曾参加过20世纪80年代的英阿马岛之战和20世纪90年代的海湾战争，用于执行反潜和侦察任务。

● "大西洋"反潜机

法国海军的"大西洋"是法国达索飞机制造公司研制的远程海上巡逻反潜机，用于反潜、反舰、侦察、预警、救援、运输等。该机巡航速度快，低空巡逻时间长，低空机动性好，能适应各种气候条件，这使得"大西洋"很适合反潜任务。"大西洋"外观的特别之处在于其葫芦形机身横截面，上半部分增压乘员舱，下半部为武器舱。乘员10～12人，包括在机头处的观察员、驾驶舱内的正、副驾驶员和随机工程师。战术舱内有无线电领航员、电子支援、电子对抗、磁异探测设备操作员、雷达敌我识别器操作员、战术协调员和2名声呐员，在后部有2名观察员。

空中指挥所
——预警机

预警机是一种装有远距搜索雷达、数据处理、敌我识别以及通信导航、指挥控制、电子对抗等完善电子设备。集预警、指挥、控制、通信和情报于一体，用于搜索、监视与跟踪空中和海上目标，并指挥、引导己方飞机执行作战任务的作战支援飞机，能起到活动雷达站和空中指挥中心的作用，是现代战争中重要的武器装备。在和平时期，预警机可用来进行空中值勤，监视敌方行动，以防突然袭击。在战争时期，用预警机执行警戒、指挥和武器引导任务，不仅可以加大预警的距离，使截击机的拦截线大大向外延伸，而且还可以把各参战部队紧密地连成一个整体，统一控制战区内所有的防空兵器，有效地指挥各军种协同作战。

● "望楼"预警机

E-3"望楼"是美国波音公司根据美国空军"空中警戒和控制系统"计划研制的全天候远程空中预警和控制飞机。E-3预警机有A、B、C、D

等多种型号。E-3A巡航高度9000米，最大续航时间11.5小时，可全方位搜索和监视陆地、水面和空中目标。机上成员为17人。机舱内装有9台多用途控制台和2台辅助显示器。在巡航高度执勤时，对大型高空目标的有效探测半径为667千米；对中型目标的探测半径为445千米；对低空小型目标的探测半径为324千米。敌我识别系统在一次扫描中能询问200个以上装有应答机的空中、海上或陆上目标，获取己方军队的展开情况，向空中指挥员显示完整的陆、海、空军态势，以便指挥己方的空中力量完成截击、格斗、对地/对海支援、遮断、空运、空中加油和空中救援等各种空中作战任务。

● 独特的雷达罩

E-3机背上的雷达罩是E-3在外观上与其他飞机相比最特别的地方。该雷达罩直径9.1米，厚度1.8米，用两个支柱支撑在离机身3.3米高处。内部安装有雷达天线系统，这一雷达系统使E-3能够提供对大气层、地面、水面的雷达监视能力。对低空飞行目标，其探测距离达320千米以上，对中空、高空目标探测距离更远。雷达系统上的敌我识别分系统具有下视能力，并能抗地面杂波干扰。而其他一些雷达在这种条件下无法去除干扰。

● "中坚"预警机

A-50"中坚"预警机是俄罗斯研制的一种预警机，是选用大型喷气运输机伊尔-76改装成的。改装后的A-50起飞全重为190吨，载油65吨，最大时速850千米/小时，实用升限12000米，最大航程5500千米，A-50能以700千米~750千米的时速在9000米~10000米高度上巡航7.5小时，在高基地1000千米的地方可巡航4个小时，并能以空中加油的方式延长其滞空时间。机头装有气象雷达、导航和地形测绘雷达、卫星导航/通信系统、卫星数据链路、电子对抗设备、敌我识别器和显示器等。可探测和跟踪地(水)面低空飞行的飞机和导弹。新的红外告警接收机可探测1000千米以内的战术中程导弹和海上发射的导弹。可同时跟踪50个目标，并可同时制导和截击10个目标。

新概念武器和其他武器

杀人于无痕的"杀手"
——次声波武器

次声波是一种频率低于20赫兹的声波，能对共振的器官和身体造成损伤，能对人体或生物产生不良影响甚至杀伤作用。次声武器与传统的枪炮不同，它不使用弹药，而是靠发射人耳听不到、眼睛看不见的次声波来杀伤有生目标，是对人体产生影响和杀伤作用的一类新概念武器，所以又有人把次声波武器称之为"无声杀手"、"哑巴武器"等。

● 杀人于无形

在自然界和人类活动中广泛存在着次声波，海上风暴、火山爆发、龙卷风、磁暴、极光等自然现象，常伴有次声波的发生，核爆炸、导弹飞行、火炮发射、轮船航行、汽车急驰，甚至像鼓风机、搅拌机等，也能产生次声波。人们通过次声波引发的破坏现象，逐步认识到它杀人于无形的威力。1948年，一艘名为"乌兰格梅奇"号的荷兰货船，在马六甲海峡遭遇风暴，当救助人员赶到时，船上人员都莫名其妙地死了。后经科学家们调查，发现让他们死亡的原因就是风暴与海面惊涛引起的次声波。

● 次声波的危害

次声波的频率为0.0001赫兹～20赫兹，这个频段是人耳所听不到的。而人体各部位细微脉动频率一般为2赫兹～16赫兹，如内脏为4赫兹～6赫兹，头部为8赫兹～12赫兹等。人体的这些固有频率正好在次声波的频率范围内，一旦大功率的次声波作用于人体，就会引起人体强烈的共振，从而造成伤害。轻则肌肉痉挛、全身颤抖、呼吸困难，重则血管破裂、内脏损伤，直至死亡。经反复研究，科学家们发现，次声波强度在140分贝左右，即使作用时间较短也会引起人体内脏器官机能方面的改变；当上升到150分贝时，则会引起人体器官的病变；如次声强度再升高，就会导致死亡。

● 独特的优点

首先，它的使用具有真正的隐蔽性，很容易达成对有生力量袭击的突然性，且不污染环境，也不会破坏自然物质；其次，由于次声波的频率低，衰减极少，因此它的传播距离很远。比如，炮弹爆炸时产生的声波在几千米以外就听不见了，但它所产生的次声波，却可传到80千米以外。氢弹爆炸时产生的次声波行程可达数万千米，能绕地球好几圈。军事上还可以用次声波的远距离传播来探测并识别火箭的发射等；此外，次声波武器的穿透能力很强。一般的建筑或隔音墙是难以挡住次声波的传播的，甚至它可以穿透十几厘米厚的钢筋混凝土。所以即使人躲藏在掩蔽处，或坐在坦克、装甲车及飞机内，或在深海的潜艇中，也都难以逃避次声波武器的攻击。另外，只要防护设施上存在孔洞或缝隙，次声波也会无孔不入地钻进去。

非致命性作战的"法宝"
——微波武器

微波武器，指的是利用微波束的能量直接杀伤目标或使目标丧失作战效能的武器。由于其威力大、速度高、作用距离远，而且看不见、摸不着。微波武器主要由高功率发射机、大型高增益天线和瞄准、跟踪、控制等系统构成。

● 战场"魔爪"

微波武器可用于杀伤人员。其杀伤机理可分为"非热效应"和"热效应"两种。"非热效应"是由弱微波辐射引起的，它会使人烦躁、头痛、神经紊乱、记忆力减退。而"热效应"则是利用强微波辐射照射人体，通过短时间内产生的高温高热，造成人员伤亡。种种迹象表明微波武器的运用将带来战争观念的革命，主要因为这种武器的设计思想是使武器失效而非伤害人类。美国武器专家表示，微波武器可能是一种可以不伤害人类的终极武器。另外，微波武器还有一大绝招，即它能穿过大于其波长的所有缝隙以及玻璃等绝缘体，进入目标内部，杀伤里面的人员，甚至连封闭工事及装甲车辆内的战斗人员也难逃脱它的"魔爪"。

● 特别关注

实施空袭作战的飞机和导弹是信息化程度很高的武器，电子设备是它们的灵魂，一旦电子信息系统失灵，就无法正常作战，因此微波武器是飞机和导弹的克星之一。另外微波武器还是隐形武器的克星。隐形武器能够隐形的关键是广泛采用了能吸收雷达波的材料和涂料。微波武器发射出的高能量微波束能使隐形武器因升温而受到破坏，轻则瞬间被加热，导致机毁人亡；重则即刻融化，变成轻烟一缕。

● 软硬兼施

在防空作战中，微波武器通过干扰、软杀伤和硬摧毁这三种方式打击空袭兵器。干扰就是使用低频微波近距离干扰空袭兵器的电子设备，试验表明，当使用每平方厘米0.01微瓦~1微瓦功率密度的微波束照射目标时，就能干扰相应频段的雷达、通信设备和导航系统，使之无法正常工作；软杀伤是使用中等频率的微波破坏电子设备的正常工作，如使用功率密度为每平方厘米10瓦~100瓦的强微波波束照射目标时，可以在金属目标表面产生感应电流，电流通过天线、导线、金属开口或缝隙进入飞机、导弹等武器系统的电子设备中，使电路功能产生紊乱；硬摧毁就是用各种微波炸弹在目标周围爆炸产生的强微波或用强微波直接照射来袭的导弹和飞机，使之爆炸。如使用功率密度为每平方厘米1000瓦~10000瓦的强微波束照射目标时，能在瞬间引爆炸弹、导弹、核弹等武器或摧毁目标并杀伤人员。

未来战场的"主攻手"
——激光武器

激光武器又称辐射武器和高能激光武器。具有快速、灵活、精确和抗电磁干扰等优异性能，在光电对抗、防空和战略防御中可发挥独特作用。激光武器是所有新概念武器中最有可能用于实战的，它在未来战争中有举足轻重的作用！

● 武器特色

激光武器其特色之一是杀伤威力极大，无论多么坚硬的物质和目标，在高能激光武器的照射下，都会熔融或穿孔；其特色之二是，可以装在战车、飞机、导弹、卫星、航天飞船、水面舰艇、潜艇等任何作战工具上，既能成为战略威慑性武器，又可作为常规战术武器。用激光拦击多目标时，能迅速变换射击对象，灵活地对付多个目标。激光武器的缺点是不能全天候作战，受限于大雾、大雪、大雨，且激光发射系统属精密光学系统，在战场上的生存能力有待考验。

● 作战性能

目前正在研制与开发的高能激光武器有：战略防御激光武器、战区防御激光武器和战术防空激光武器。战略防御激光武器，作战目标为助推段的战略导弹、军用卫星平台和高级传感器等。它可用于遏制由携带核、生、化弹头的弹道导弹所造成的可能不断增长的威胁，能干扰、致盲和摧毁低地球轨道上的敌方军用卫星；战区防御机载激光武器，主要用于从远距离对战区弹道导弹进行助推段拦截，从而使携带核、生、化弹头的碎片落在敌方区域，迫使攻击者放弃自己的行动，起到有效的遏制作用；战术防空激光武器，可通过毁伤壳体、制导系统、燃料箱、天线、整流罩等拦截大量入侵的精确制导武器。

● 瞄准即摧毁

激光武器与导弹、火炮等防空兵器相比，具有非常优异的性能。首先，光的速度为30万千米/秒，高能束激光打击任何目标均无需计算射击提前量，可以即瞄、即打、即中。也就是说，空袭的导弹和飞机一旦被激光武器发现和瞄上，就无处可逃。其次，在未来防空作战中，地空导弹的控制系统、防空预警系统是敌方信息攻击的重点，一旦失灵，将无法抗击敌空袭兵器。而激光武器防空，就不存在被干扰的缺陷，因为激光束在传输时，不受外界电磁波的干扰，能在极为复杂的电磁环境中执行打击任务。

不可小觑的微粒
——粒子束武器

随着科学技术的发展，新一代理想的战略防御武器——粒子束武器将有可能实现。粒子束武器，是利用粒子加速器加速电子、质子或离子等粒子到光速的0.6～0.7倍发射。再靠电磁场的作用将其聚集成密集的束流射出，以其巨大的动能摧毁目标，用这种粒子束技术制造出来的武器要比激光武器厉害，它击中目标时能瞬间产生8000℃的高温。能穿过云雾，不反射，有效应对核弹头洲际导弹，即使当今世界上最耐高温耐热的材料顷刻间也会化为乌有。

● 基本原理

大气层内的带电粒子束，其特点是粒子束流为电子束流，而不是中性束流。在大气中，它虽有衰减，但可以传导而且易于使用。在大气层外的真空状态，由于带电粒子之间的斥力，带电粒子束会在短时间内散发殆尽，因此中性粒子束更适合在外层空间使用。粒子束武器一般由粒子加速器、高能脉冲电源、目标识别与跟踪系统、粒子束精确瞄准定位系统和指挥控制系统等组成。

● 超大威力

高能量的粒子束能形成附加电场和强电流脉冲，瞬间击穿目标内部的电子元器件，提前引爆导弹和飞机等目标内部的爆炸装置，并产生次级放射线。根据这一原理，人们研制了两种粒子束武器，一种是在大气层中使用的带电粒子束武器，另一种是在外层空间使用的中性粒子束武器，在未来的防空作战中可以综合运用它们。由于带电粒子束在大气层内传输时，既要损失很大能量，又要与地球磁场相互作用，打击威力会受影响，射击方向容易改变，因此，在未来防空作战中，可用带电粒子束武器打击处于飞行末端的飞机和导弹，或将中性粒子束武器布置在外层空间，打击助推段、中段和再入段的各种弹道导弹。

● 发展近况

粒子束武器的原理并不复杂，但尚处在研究关键技术和论证可行性阶段，要进入实战难度非常大。美国和前苏联是世界上从事粒子束武器技术研究的主要国家。近年来，粒子束武器的研制取得了重大进展，俄罗斯已成功地进行了粒子束武器干扰和破坏卫星电子设备的试验，而美国则完成利用小型的中性粒子束装置进行空间试验，演示了中性粒子束设备在空间工作的能力，成为第一个在空间试验中性粒子束技术的国家。